高等院校应用型人才培养"十四五"规划教材

小程序开发项目实战

许昌职业技术学院
天津滨海迅腾科技集团有限公司　编著

图书在版编目（CIP）数据

小程序开发项目实战/许昌职业技术学院，天津滨海迅腾科技集团有限公司编著. -- 天津：天津大学出版社，2023.6(2024.8重印)
 高等院校应用型人才培养"十四五"规划教材
 ISBN 978-7-5618-7475-2

Ⅰ.①小… Ⅱ.①许… ②天… Ⅲ.①移动终端-应用程序-程序设计-高等学校-教材 Ⅳ.①TN929.53

中国国家版本馆CIP数据核字(2023)第084484号

XIAOCHENGXU KAIFA XIANGMU SHIZHAN

出版发行	天津大学出版社
地　　址	天津市卫津路92号天津大学内（邮编：300072）
电　　话	发行部：022-27403647
网　　址	www.tjupress.com.cn
印　　刷	廊坊市海涛印刷有限公司
经　　销	全国各地新华书店
开　　本	787 mm×1 092 mm　1/16
印　　张	20.5
字　　数	512千
版　　次	2023年6月第1版
印　　次	2024年8月第2次
定　　价	59.00元

凡购本书，如有缺页、倒页、脱页等质量问题，烦请与我社发行部门联系调换
版权所有　　侵权必究

高等院校应用型人才培养"十四五"规划教材指导专家

周凤华　教育部职业技术教育中心研究所
姚　明　工业和信息化部教育与考试中心
陆春阳　全国电子商务职业教育教学指导委员会
李　伟　中国科学院计算技术研究所
许世杰　中国职业技术教育网
窦高其　中国地质大学（北京）
张齐勋　北京大学软件与微电子学院
顾军华　河北工业大学人工智能与数据科学学院
耿　洁　天津市教育科学研究院
周　鹏　天津市工业和信息化研究院
魏建国　天津大学计算与智能学部
潘海生　天津大学教育学院
杨　勇　天津职业技术师范大学
王新强　天津中德应用技术大学
杜树宇　山东铝业职业学院
张　晖　山东药品食品职业学院
郭　潇　曙光信息产业股份有限公司
张建国　人瑞人才科技控股有限公司
邵荣强　天津滨海迅腾科技集团有限公司

基于工作过程项目式教程
《小程序开发项目实战》

主　编：徐书欣　王永乐
副主编：王晓菲　陈午阳　王烽杰　盛　雪
　　　　陈国强　孙新丽　尚　丽　关　静

前　言

　　移动互联网时代背景下的流量获取及变现的成本居高不下，APP（手机应用软件）作为一个闭环生态，无论是在引入用户还是保持用户的黏性方面，都已进入瓶颈期。而天生自带流量的小程序，实现了"触手可及"的应用程序梦想，用户无须下载安装，即可通过扫描或搜索打开，无须担心安装了太多的应用程序而占用手机资源，因而小程序具有研发成本更低，开发效率更高，产品迭代更快等特点。

　　本书重点讲解了如何使用不同的小程序进行应用开发，内容从易到难、循序渐进，通过小案例进行知识点讲解，通过综合案例介绍知识点的具体应用，使读者更容易理解和学习小程序的开发，为小程序的开发打下坚实的基础。

　　本书由8个项目组成，分微信小程序和支付宝小程序两个部分进行介绍。其中，微信小程序部分根据《微信小程序开发职业技能等级标准》中相关职业技能要求进行知识点的编排，包括微信小程序的注册、开发工具使用、页面配置、基础内容组件使用、简单数据绑定、页面数据显示、页面导航、模板引用、媒体组件、地图定位组件以及数据交互、API（应用程序编程接口）的使用等，内容简明扼要，由浅入深，循序渐进；而支付宝小程序部分，则在微信小程序知识点基础上，重点介绍支付宝小程序的基本使用，及其与微信小程序的异同，包括开发工具、全局配置、页面、语言、事件、核心组件、API接口等，内容条理清晰，浅显易懂。

　　本书每个项目都通过学习目标、学习路径、任务描述、任务技能、任务实施、任务总结、英语角和任务习题8个模块进行相应知识的讲解，并在内容中有机融入课程思政，潜移默化培养读者形成正确的世界观、人生观、价值观。其中，学习目标和学习路径对本项目包含的知识点进行简述，任务实施模块对本项目中的案例进行了步骤化的讲解，任务总结模块作为最后陈述，对使用的技术和注意事项进行了总结，英语角解释了本项目中专业术语的含义，使读者全面掌控所讲内容。

　　本书由许昌职业技术学院的徐书欣与王永乐共同担任主编，周口职业技术学院王晓菲、绵阳飞行职业学院陈午阳、山东传媒职业学院王烽杰、山东工业职业学院盛雪、山东药品食品职业学院陈国强、烟台汽车工程职业学院孙新丽、陕西财经职业技术学院尚丽、枣庄职业学院关静担任副主编。其中，项目一由徐书欣负责编写，项目二由王永乐负责编写，项目三由王晓菲负责编写，项目四由陈午阳负责编写，项目五由王烽杰负责编写，项目六由盛雪负责编写，项目七由陈国强和孙新丽负责编写，项目八由尚丽和关静负责编写。徐书欣、王永乐负责思政元素搜集和整书编排。

　　本书内容丰富、注重实战，讲解通俗易懂，既全面介绍，又突出重点，做到了点面结合；既讲述理论，又举例说明，做到理论和实践相结合，手把手带领读者快速入门小程序开发。通过对本书的学习，读者可以对小程序的研发有更加清晰的认识。

天津滨海迅腾科技集团有限公司
2022年10月

目　录

项目一　初识微信小程序 ··· 1
　学习目标 ··· 1
　学习路径 ··· 2
　任务描述 ··· 2
　任务技能 ··· 3
　　技能点一　小程序概述 ··· 3
　　技能点二　微信小程序简介 ····································· 4
　　技能点三　微信小程序注册 ····································· 6
　　技能点四　微信开发者工具介绍 ································ 12
　　技能点五　微信小程序项目结构 ································ 17
　任务实施 ·· 24
　任务总结 ·· 29
　英语角 ·· 29
　任务习题 ·· 29

项目二　微信小程序基础 ·· 31
　学习目标 ·· 31
　学习路径 ·· 32
　任务描述 ·· 32
　任务技能 ·· 34
　　技能点一　微信小程序配置 ···································· 34
　　技能点二　微信小程序框架 ···································· 38
　　技能点三　微信小程序基础组件 ································ 42
　　技能点四　微信小程序事件 ···································· 54
　任务实施 ·· 59
　任务总结 ·· 69
　英语角 ·· 69
　任务习题 ·· 70

项目三　微信小程序页面渲染 ·· 71
　学习目标 ·· 71
　学习路径 ·· 72
　任务描述 ·· 72

任务技能···73
　技能点一　微信小程序高级组件···73
　技能点二　数据绑定···87
　技能点三　页面渲染···88
　技能点四　页面文件引用···93
　技能点五　样式设置···95
任务实施···99
任务总结···112
英语角···112
任务习题···113

项目四　微信小程序基础 API···114

学习目标···114
学习路径···115
任务描述···115
任务技能···116
　技能点一　页面路由与跳转···116
　技能点二　界面···120
　技能点三　网络与支付···129
　技能点四　数据缓存··135
　技能点五　媒体···138
任务实施···146
任务总结···158
英语角···158
任务习题···159

项目五　微信小程序开放 API···160

学习目标···160
学习路径···161
任务描述···161
任务技能···162
　技能点一　位置接口··162
　技能点二　设备接口··166
　技能点三　开放接口··179
任务实施···189
任务总结···203
英语角···203
任务习题···203

项目六 微信小程序调试与发布 · 204

- 学习目标 · 204
- 学习路径 · 205
- 任务描述 · 205
- 任务技能 · 206
  - 技能点一 微信小程序调试 · 206
  - 技能点二 微信小程序发布 · 213
  - 技能点三 微信小程序嵌入公众号 · 217
- 任务实施 · 220
- 任务总结 · 234
- 英语角 · 234
- 任务习题 · 234

项目七 初识支付宝小程序 · 236

- 学习目标 · 236
- 学习路径 · 237
- 任务描述 · 237
- 任务技能 · 238
  - 技能点一 支付宝小程序简介 · 238
  - 技能点二 支付宝小程序开发工具 · 240
  - 技能点三 支付宝小程序全局配置 · 241
  - 技能点四 小程序页面 · 251
  - 技能点五 AXML 标签语言 · 257
  - 技能点六 事件系统 · 264
- 任务实施 · 265
- 任务总结 · 271
- 英语角 · 271
- 任务习题 · 272

项目八 支付宝小程序开发 · 273

- 学习目标 · 273
- 学习路径 · 274
- 任务描述 · 274
- 任务技能 · 276
  - 技能点一 支付宝小程序组件 · 276
  - 技能点二 应用级事件 · 294
  - 技能点三 界面 · 296
  - 技能点四 位置与缓存 · 299
  - 技能点五 设备 · 300

技能点六　媒体 …………………………………………………………… 304
任务实施 ……………………………………………………………………… 306
任务总结 ……………………………………………………………………… 316
英语角 ………………………………………………………………………… 316
任务习题 ……………………………………………………………………… 317

项目一 初识微信小程序

读者通过对小程序知识的学习,了解小程序界面的设计思想,熟悉小程序的相关概念及其与 APP 的区别,掌握微信小程序的注册流程和开发者工具的使用,具有独立注册小程序账号并创建新项目的能力。

技能目标:
- 了解小程序概念、技术发展;
- 了解小程序运行环境;
- 理解小程序与普通网页开发的区别;
- 熟悉小程序中 API 的概念;
- 熟悉小程序的开发工具下载安装流程。

素养目标:
- 了解微信小程序的应用,激发刻苦学习、科学报国的信念;
- 树立正确的价值观,时刻牢记技术强国信念;
- 关注产业发展和树立文化自信,培养家国情怀。

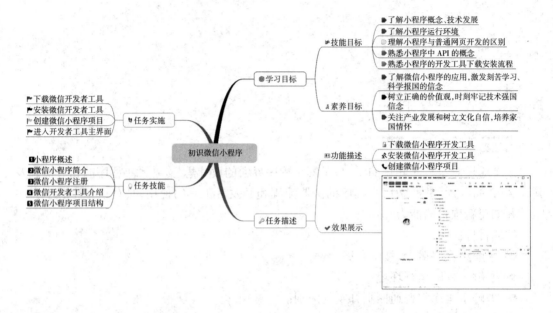

【情境导入】

移动互联网时代背景下的流量获取及变现的成本居高不下，APP（手机应用软件）作为一个闭环生态，无论是在引入用户还是保持用户的黏性方面，都已进入瓶颈期。而天生自带流量的小程序，实现了"触手可及"的应用程序梦想，用户无须下载安装，即可通过扫描或搜索打开，无须担心安装了太多的应用程序而占用手机资源，因而小程序具有研发成本更低，开发效率更高，产品迭代更快等特点。本项目通过小程序相关知识的讲解，实现微信小程序开发工具的下载和安装。

【功能描述】

- 下载微信小程序开发工具；
- 安装微信小程序开发工具；
- 创建微信小程序项目。

【效果展示】

读者通过对本项目的学习，了解小程序相关概念、微信小程序开发工具以及微信小程序基本结构和语法，能够完成微信小程序开发工具下载、安装以及项目的创建，效果如图1-1所示。

图1-1　效果图

技能点一　小程序概述

小程序是一种不需要下载安装即可使用的应用，用户不用关心是否安装了太多应用的问题。应用无处不在，随时可用，但又无须安装卸载。

对于开发者而言，小程序开发门槛相对较低，难度不及APP，能够满足简单的基础应用，适合生活服务类线下商铺以及非刚需低频应用的转换。对于用户来说，能够节约时间成本和手机存储空间；对于开发者来说也能节约开发和推广成本。

目前，小程序根据所属平台的不同可分为微信小程序、支付宝小程序等。

1）微信小程序

微信小程序是小程序的一种，英文名称为"Wechat Mini Program"，是一种不需要下载安装即可使用的应用，它实现了应用"触手可及"的梦想，用户扫一扫或搜一下即可打开应用。微信小程序图标如图1-2所示。

图 1-2　微信小程序图标

2）支付宝小程序

支付宝小程序是支付宝建立的自由开放平台，是一种全新的开放模式，让合作伙伴有机会分享支付宝及阿里集团多端流量和商业能力，为用户提供更好的体验，助力商家经营升级。支付宝小程序图标如图1-3所示。

图 1-3　支付宝小程序图标

技能点二　微信小程序简介

1. 什么是微信小程序

相信大家对微信都不会感到陌生吧！这是2011年1月腾讯公司推出的一款能够即时通信的免费的应用程序，在最近几年，微信已经覆盖中国95%以上的智能手机，月活跃用户达到10亿左右。随着市场的不断扩大，微信提供了公众平台、朋友圈、消息等功能，其中微信公众平台提供了服务号、订阅号、小程序和企业微信。如图1-4所示。

图 1-4　账号分类

其中企业微信继承了原企业号所有能力,成员扫码关注后即可在微信中接收企业通知。同时提供专业的企业内部通信工具,预设轻量 OA(办公自动化)应用和丰富 API,集成多种通信方式,助力企业高效沟通与办公。而小程序具有一种新的开放能力,开发者可以快速地开发一个小程序。小程序可以在微信内便捷地获取和传播,同时具有出色的使用体验,相当于内置在微信中为用户提供服务的一个应用,用户可通过扫一扫或搜索打开,小程序的开发者可以是企业、政府、媒体、其他组织或个人,小程序的设计目的是为优质服务提供一个开放的平台,是在微信基于服务号的基础上对提高企业服务能力的一次尝试。2017 年到 2021 年微信小程序 DAU(日活跃用户数量)增长过程如图 1-5 所示。

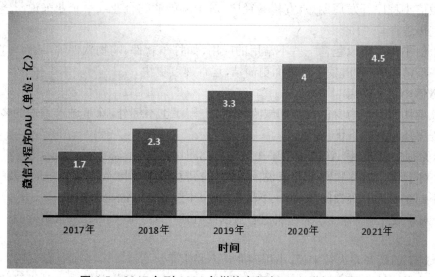

图 1-5　2017 年到 2021 年微信小程序 DAU 增长过程

2. 微信小程序和 APP 的区别

微信小程序可以通过多种方式进入,比如扫描二维码、微信小程序的搜索以及来自朋友的分享。当进入微信小程序后,可以发现微信小程序和 APP 基本上区别不大,一样拥有导航条、信息显示、支付等功能。其与 APP 的不同之处主要在于开发、安装、登录、兼容性等方面,具体区别如图 1-6 所示。

图 1-6　微信小程序和 APP 的区别

微信小程序和 APP 的区别具体如下。

● 微信小程序不需要在设备上进行下载和安装，可以节省安装时间和手机内存，而 APP 是针对某一类移动设备而生的，如 Android（安卓）、iOS（苹果公司开发的移动操作系统）等，它是需要安装在手机设备上的独立的应用，不用时也会占用手机内存。

● 微信小程序在登录时依托微信平台可直接通过微信号进行登录，不需要进行账号的注册登入。

● 微信小程序是微信的插件，可以使用微信提供的功能接口，拥有丰富的界面和框架，不需要考虑兼容性问题，而 APP 需要针对不同操作系统进行专门的开发。

● 微信小程序开发周期短，宣传途径广，对于刚创业的企业或小企业来说，是一种快速高效的宣传途径。

● 微信小程序可以包含一些不常用的应用，如打车软件、购物软件等，从而可以让用户卸载一些不常用的 APP，使手机界面更简洁，运行速度更快。

3. 微信小程序特点

每款应用都有其自身的优点和缺点，微信小程序也不例外，除了进入方式的多样化外，微信小程序还具有如下优点。

（1）无须安装、卸载 APP，小程序在微信内部即可打开，不需要到应用市场搜索、安装。

（2）对于现在的互联网企业来说，小程序的开发成本要比 APP 低一些，主要体现在无须解决不同平台的兼容性问题，企业不需要为不同平台开发不同软件。

（3）对于使用频率较低，又存在重要需求的行业，APP 就显得比较浪费，而小程序则比较适用。

（4）对于前端开发人员来说，小程序非常容易上手。

任何事物都有两面性，微信小程序在具有诸多优点的同时，其缺点也是不可忽视的，具体如下。

（1）不支持小程序和 APP 的直接跳转。

（2）当用户有处理文档或者游戏等高级需求时，小程序不能很好地满足。

（3）小程序依赖微信而存在，如果功能需求和微信设定的规则有冲突就难以实现。

（4）入口有时不容易找到，浪费用户时间。

技能点三　微信小程序注册

要想创建一些小程序，需要注册小程序的账号，然后才可以对其进行开发及发布。小程序的注册很简单，主要有以下几个步骤。

第一步：打开浏览器，通过"https://mp.weixin.qq.com/"地址进入微信公众平台官网。如图 1-7 所示。

项目一　初识微信小程序　　7

图 1-7　微信公众平台官网

第二步：点击右上角"立即注册"进入注册选择页面进行注册，如图 1-8 所示。

图 1-8　注册选择页面

第三步：点击小程序进入注册界面，按照提示填写详细信息，进入邮箱并激活账号，如图 1-9 所示。

图 1-9 小程序注册账号信息页面

第四步：进行信息登记填写，此处选择主体类型为个人，如图 1-10 所示。

图 1-10 小程序注册信息登记页面

主体类型说明见表 1-1。

表 1-1　主体类型说明

账号主体	范围
个人	18 岁以上有国内身份信息的微信实名用户
企业	企业、分支机构、企业相关品牌
企业（个体工商户）	个体工商户
政府	国内各级各类政府机构、事业单位、具有行政职能的社会组织等。目前主要覆盖公安机构、党团机构、司法机构、交通机构、旅游机构、工商税务机构、市政机构等
媒体	报纸、杂志、电视、电台、通讯社、其他等
其他组织	不属于政府、媒体、企业或个人的类型

第五步：正确填写主体信息登记中相关内容，主体信息登记如图 1-11 所示。

图 1-11　主体信息登记页面

第六步：点击"继续"，弹出提示框，如图 1-12 所示。

图 1-12　信息提交成功页面

第七步：点击"前往小程序"进入小程序首页，如图 1-13 所示。

图 1-13　小程序首页

第八步：点击"填写"按钮进行小程序信息填写，页面如图 1-14 所示。

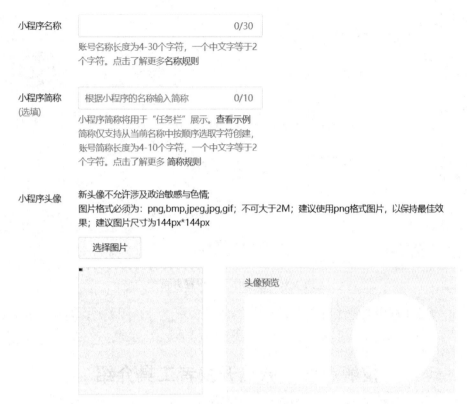

图 1-14　小程序信息填写页面

第九步：填写完成后点击"设置"→"基本设置"查看信息，如图 1-15 所示。

图 1-15　小程序基本设置页面

第十步：点击"开发"→"开发管理"→"开发设置"查看开发者 AppID，如图 1-16 所示。

图 1-16　小程序开发设置页面

至此，微信小程序账号注册完成。

技能点四　微信开发者工具介绍

1. 微信小程序项目创建

微信开发者工具在使用时，最先出现的就是登录界面，开发者可以选择管理员模式或者游客模式进行扫码登录，登录界面如图 1-17 所示。

图 1-17　微信开发者工具扫码登录界面

在登录完成后即可进入微信开发者工具，并根据项目类型选择所需的小程序项目，如图 1-18 所示。

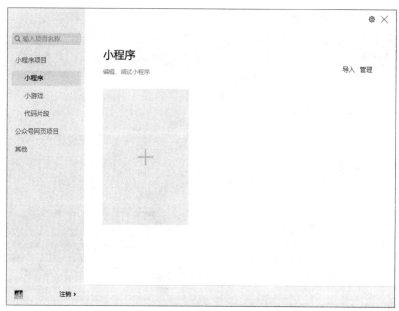

图 1-18　微信开发者工具选择项目界面

在微信开发者工具选择项目界面中,可以导入现有项目,或通过管理操作实现小程序项目的管理,还可以通过点击"+"按钮实现小程序的创建,效果如图 1-19 所示。

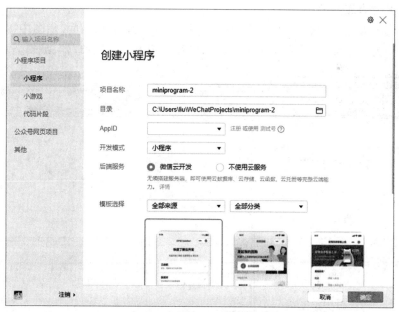

图 1-19　填写项目信息界面

之后根据提示输入项目信息即可,其中,AppID 即为注册小程序时获取的 AppID,此 AppID 是唯一的,在平时做练习的过程中可以选择测试号;可以选择官方推荐的基础模板进行二次开发,减少工作量。

信息填写完成后,选择"不使用云服务",点击确定,出现如图 1-20 所示界面,则说明使用微信开发者工具创建项目成功。

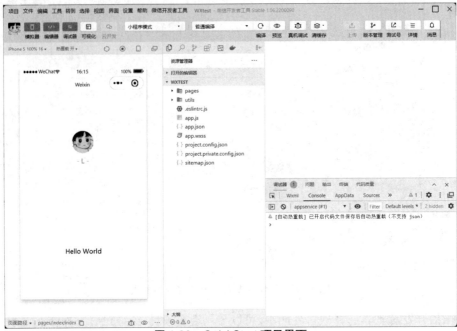

图 1-20　QuickStart 项目界面

2. 微信开发者工具介绍

使用微信开发者工具创建项目成功后，进入如图 1-21 所示界面，从图中可以看出微信开发者工具分为 6 个部分，分别是菜单栏、工具栏、模拟器、资源管理器、编辑器和调试器。

图 1-21　微信开发者工具界面结构

1）菜单栏

微信开发者工具中包含项目、文件、编辑、工具、转到、选择、视图、界面、设置、帮助以及微信开发者工具等菜单，其中项目菜单可以新建或切换项目，文件菜单主要用来新建和保存文件，编辑菜单主要用来调整编码格式，工具菜单主要用来编译刷新项目，微信开发者工具菜单中具有切换登录用户、前往开发者论坛或文档的功能。

2）工具栏

工具栏中包含用户头像、模拟器、编辑器、调试器等工具，其中通过点击用户头像可以便捷地切换用户和查看开发者工具收到的信息。如图1-22所示。

图1-22　开发者工具个人中心

头像右侧是控制主界面模块的显示（至少有一个被选中）；工具栏中间显示的是编译的方式，默认是普通编译，也可以进行编译模式添加、二维码编辑等操作，预览效果如图1-23所示。

图1-23　小程序预览

工具栏最右侧是一些辅助功能，通过这些辅助功能可以进行项目详情查看、项目上传、项目版本管理等操作，项目详情查看如图1-24所示。

3)模拟器

模拟器中显示的是小程序在客户端真实的逻辑表现,也就是通常所说的页面效果图,多数 API 均能够在模拟器上呈现正常效果,如图 1-25 所示,显示的是在 iPhone6 上的效果,显示比例为 100%,可根据需要自行选择。

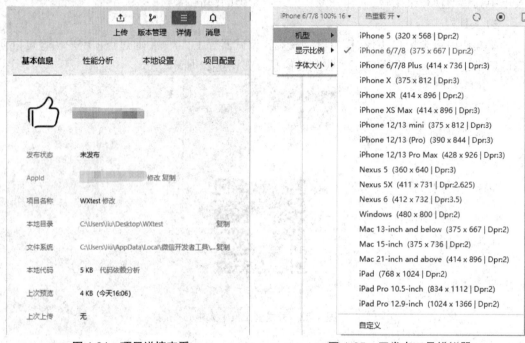

图 1-24 项目详情查看　　　　　　图 1-25 开发者工具模拟器

4)编辑器

通过开发者工具创建的项目可以看出项目的结构有 pages、utils 两个文件夹和 app.js、app.json、app.wxss 三个文件,其中 app.js 为全局的脚本文件,app.json 为全局的配置文件,app.wxss 为全局的样式文件,而 pages 中的每个文件夹相当于每个页面自己的文件夹,其中包括页面的 .wxml 文件、.wxss 样式文件、.js 脚本文件、.json 配置文件。可以通过对代码的修改实现界面上显示信息的变化。

5)调试器

调试器包含多个调试功能模块,分别是 Wxml、Console、Sources、Network、Security、Storage、Appdata、Sensor、Trace。

● Wxml

Wxml 主要用于帮助开发者开发 Wxml 转化后的界面,通过 Wxml panel 可以快速地看到真实的页面结构及 Wxss 样式。

● Console 面板

这是小程序的控制面板,可看到代码执行时出现的错误信息以及通过 console.log() 输出的信息,输出方式与 JavaScript 浏览器控制台输出一致,也可以在控制台执行 JavaScript 代码。

●Sources 面板

Sources 面板用于显示当前项目的脚本文件，左侧显示源文件的目录结构，中间显示被选中文件的源代码，右侧显示调试相关按钮及变量的值等相关信息。

技能点五　微信小程序项目结构

不同的开发语言都有其特定的项目结构，小程序的开发也不例外，其结构包括视图层、逻辑层，相比其他项目结构根目录文件的繁杂，小程序项目结构简单、清晰，具体结构如图 1-26 所示。

图 1-26　小程序项目结构

1. pages

pages 主要存放小程序的页面文件（注意：名称不能修改），其包含多个文件夹，每个文件夹为一个页面，包含 4 个文件，其中 .js 是事件交互文件，.json 为配置文件，.wxml 是界面文件，用于处理界面的相关事件，.wxss 为界面美化文件。

注意：小程序页面中 .wxml 和 .js 两个文件是必须存在的。

文件名称必须与页面的文件夹名称相同，如 index 文件夹，文件只能是 index.wxml、index.wxss、index.js 和 index.json。

1）index.js

.js 是小程序的逻辑文件，也称事件交互文件和脚本文件，用于处理界面的相关事件，如设置初始数据、定义事件、数据的交互等，其语法与 JavaScript 相同。如：在 index.js 中修改 data 方法里面的 motto 属性，把"Hello World"改为"欢迎来到微信小程序"，则对应的效果图上面则显示的是"欢迎来到微信小程序"，效果如图 1-27 所示。

图 1-27　欢迎页面效果图

为实现图 1-27 所示效果，代码 CORE0101 如下所示。

代码 CORE0101：index.js

```
Page({
  data: {
    motto: ' 欢迎来到微信小程序 ',
    userInfo: {}
  }
})
```

2）index.json

.json 是配置文件（注意：如果文件夹下没有 .json 文件，可手动创建），用于对本级目录下的页面进行配置，主要以 json 数据格式的形式配置，只能对导航栏的相关文件进行配置修改，例如在 index.json 中修改导航的文字，将"Weixin"改变成"Wechat"，效果如图 1-28 所示。

图 1-28　修改导航栏文字效果图

为实现图 1-28 所示效果，代码 CORE0102 如下所示。

代码 CORE0102：index.json

```
{
  "navigationBarBackgroundColor": "#ffffff",
  "navigationBarTextStyle": "black",
  "navigationBarTitleText": "Wechat",
  "backgroundColor": "#000",
  "backgroundTextStyle": "light"
}
```

3）index.wxml

.wxml 是页面结构文件，用于对页面布局进行展示，是微信标记语言，是小程序每个页面必须有的文件，相当于 .html 文件，但与 HTML 也有差别，.wxml 倾向于对程序页面的构建，.html 倾向于对文章的展示，适合于对网页的构建。.wxml 中使用的语法和 HTML 相同，标签成对，标签名小写。可以通过引用 class 控制外观，也可以通过绑定事件来进行逻辑的处理，通过渲染来完成列表展示等。

下面在 index.wxml 中添加"<view>helloworld</view>"，效果如图 1-29 所示。

欢迎来到微信小程序
helloworld

图 1-29　添加 view 组件效果图

为实现图 1-29 所示效果，代码 CORE0103 如下所示。

代码 CORE0103：index.wxml

```
<view class="container">
  <view class="userinfo">
    <block wx:if="{{canIUseOpenData}}">
      <view class="userinfo-avatar" bindtap="bindViewTap">
        <open-data type="userAvatarUrl"></open-data>
      </view>
      <open-data type="userNickName"></open-data>
    </block>
    <block wx:elif="{{!hasUserInfo}}">
      <button wx:if="{{canIUseGetUserProfile}}" bindtap="getUserProfile"> 获取头像昵称 </button>
      <view wx:else> 请使用 1.4.4 及以上版本基础库 </view>
    </block>
```

```
        <block wx:else>
            <image bindtap="bindViewTap" class="userinfo-avatar" src="{{userInfo.avatarUrl}}" mode="cover"></image>
            <text class="userinfo-nickname">{{userInfo.nickName}}</text>
        </block>
    </view>
    <view class="usermotto">
        <text class="user-motto">{{motto}}</text>
    </view>
    <view>helloworld</view>
</view>
```

4）index.wxss

.wxss 是样式表文件，相当于 css 文件，是为 .wxml 文件和 page 文件进行美化的文件，让界面显示更加美观。例如对文字的大小、颜色设置，图片的宽高设置，以及 .wxml 中各组件的位置、间距设置等。跟 css 相比两者语法基本相同，可通用。下面在 index.wxss 中对"欢迎来到微信小程序"进行字体加粗的修饰，效果如图 1-30 所示。

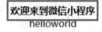

图 1-30　字体加粗效果图

为实现图 1-30 所示效果，代码 CORE0104、CORE0105 如下所示。

```
代码 CORE0104：index.wxml
<view class="container">
  <view class="userinfo">
    <block wx:if="{{canIUseOpenData}}">
      <view class="userinfo-avatar" bindtap="bindViewTap">
        <open-data type="userAvatarUrl"></open-data>
      </view>
      <open-data type="userNickName"></open-data>
    </block>
    <block wx:elif="{{!hasUserInfo}}">
      <button wx:if="{{canIUseGetUserProfile}}" bindtap="getUserProfile"> 获取头像昵称 </button>
      <button wx:elif="{{canIUse}}" open-type="getUserInfo" bindgetuserinfo="getUserInfo"> 获取头像昵称 </button>
      <view wx:else> 请使用 1.4.4 及以上版本基础库 </view>
```

```
    </block>
    <block wx:else>
        <image bindtap="bindViewTap" class="userinfo-avatar" src="{{userInfo.avatarUrl}}" mode="cover"></image>
        <text class="userinfo-nickname">{{userInfo.nickName}}</text>
    </block>
</view>
<view class="usermotto">
    <text class="user-motto bold">{{motto}}</text>
</view>
<view>helloworld</view>
</view>
```

代码 CORE0105：index.wxss

```
.bold{
font-weight: bold;
}
```

2. utils

utils 是存放公用 js 文件的文件夹，可以存放对事件处理的公共方法，能够在任何界面的 js 文件中被使用。模块调用效果如图 1-31 所示。

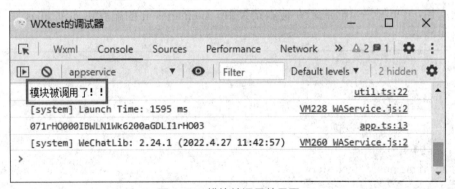

图 1-31　模块被调用效果图

为实现图 1-31 所示效果，代码 CORE0106、CORE0107 如下所示。

代码 CORE0106：util.js

```
function util() {
  console.log(" 模块被调用了!! ")
}
module.exports.util = util
```

代码 CORE0107：index.js

```
const app = getApp()
var common = require('../../utils/util.js')
Page({
data: {},
onLoad: function () {
common.util()
}
})
```

3. app.js、app.json、app.wxss

app.js 是脚本文件，小程序的逻辑文件，定义了一个应用实例，能够对一些生命周期函数方法进行处理，可以通过 getApp() 在页面文件（.js）中获取。

app.json 是项目中的公共配置文件，例如配置导航条样式，底部 tab 菜单等，具体页面的配置在页面的 json 文件中单独修改，任何一个页面都需要在 app.json 中注册，如果不在 json 中添加，页面是无法打开的。

app.wxss 是公共样式文件，包含全局的界面美化代码，并不是必需的，优先级低于框架中的 wxss。

4. sitemap.json

sitemap.json 是微信小程序内搜索配置文件，可以配置小程序页面是否允许微信索引。当允许微信索引时，微信会通过爬虫方式为小程序的页面内容建立索引，并在用户搜索词条触发索引后，将小程序页面展示在搜索结果中。sitemap.json 的配置可通过 rules 属性实现，语法格式如下。

```
{
  "rules":[{
    "action": "allow",
    "page": "path/to/page",
    "params": ["a", "b"],
    "matching": "inclusive"
  }, {
    "action": "allow",
    "page": "*"
  }]
}
```

参数说明见表 1-2。

表 1-2　rules 属性包含参数

参数	描述
action	索引设置，默认值为 allow，表示可以被索引，disallow 表示不可以被索引
page	页面路径，"*"表示所有页面
params	可选参数，页面携带参数，当页面匹配携带参数时会被优先索引
matching	可选参数，设置 params 匹配方式
priority	可选参数，设置页面索引的优先级，值越大则越早被匹配

其中，matching 可选参数值见表 1-3。

表 1-3　matching 可选参数值

参数值	描述
exact	页面的参数列表等于 params 时被匹配
inclusive	默认值，页面的参数列表包含 params 时被匹配
exclusive	页面的参数列表与 params 交集为空时被匹配
partial	页面的参数列表与 params 交集不为空时被匹配

需要注意的是，sitemap 的索引提示是默认开启的，如需要关闭 sitemap 的索引提示，可在小程序项目配置文件 project.config.json 的 setting 中配置字段 checkSiteMap 为 false。

5. project.config.json 和 project.private.config.json

project.config.json 和 project.private.config.json 是微信小程序的项目配置文件。其中，project.config.json 文件用于公共配置，project.private.config.json 文件用于个人配置，在配置相同的情况下，project.private.config.json 中设置的优先级高于 project.config.json 的设置。project.config.json 和 project.private.config.json 的常用项目配置属性见表 1-4。

表 1-4　常用项目配置属性

属性	描述
miniprogramRoot	指定小程序源码的目录
pluginRoot	指定插件项目的目录
cloudbaseRoot	云开发代码根目录
cloudcontainerRoot	云托管代码根目录
compileType	编译类型
setting	项目设置
libVersion	基础库版本
AppID	项目 AppID
projectname	项目名字

续表

属性	描述
packOptions	打包配置选项
debugOptions	调试配置选项
watchOptions	文件监听配置设置
scripts	自定义预处理

通过上面的学习，读者可以了解小程序的相关概念、微信小程序的项目结构，通过以下几个步骤，完成微信小程序开发工具的下载、安装以及小程序项目的创建。

第一步：小程序官方网站在"https://developers.weixin.qq.com/miniprogram/dev/devtools/download.html"上发布了微信小程序最新的微信开发者工具，打开网站可以看到如图1-32所示的页面，该页面显示开发工具的多个版本，点击自己电脑对应版本进行下载（此处以windows64系统进行讲解）。

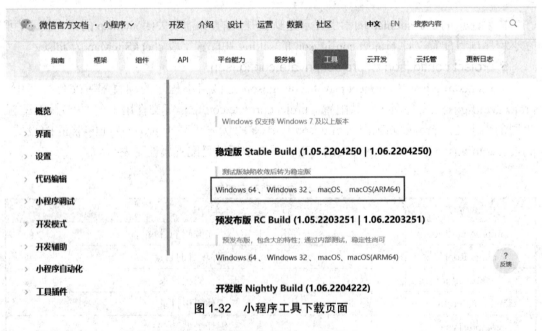

图1-32 小程序工具下载页面

第二步：双击下载的安装包，打开界面，如图1-33所示。

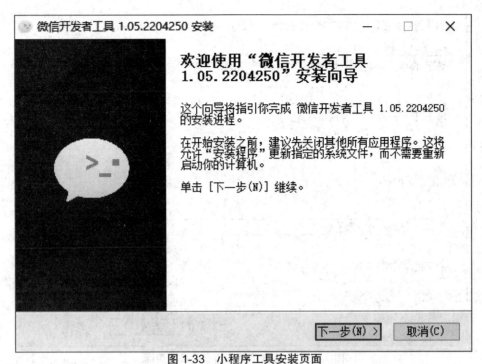

图 1-33 小程序工具安装页面

第三步：单击图中"下一步"，进入许可证协议界面，效果如图 1-34 所示。

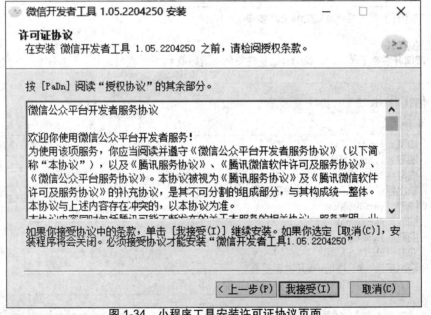

图 1-34 小程序工具安装许可证协议页面

第四步：单击"我接受"进入选定安装位置界面，效果如图 1-35 所示。

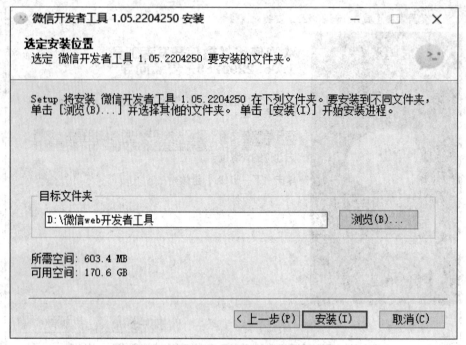

图 1-35 小程序工具选定安装位置页面

第五步：单击"安装"进行安装操作，效果如图 1-36 所示。

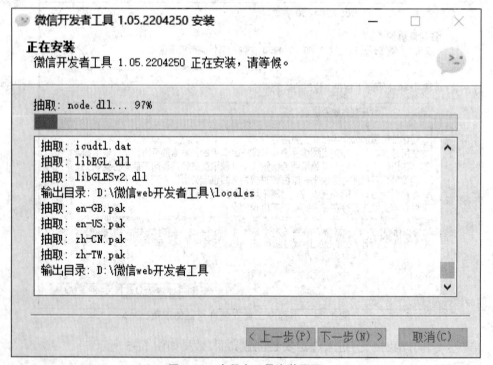

图 1-36 小程序工具安装页面

第六步：安装完成，效果如图 1-37 所示。

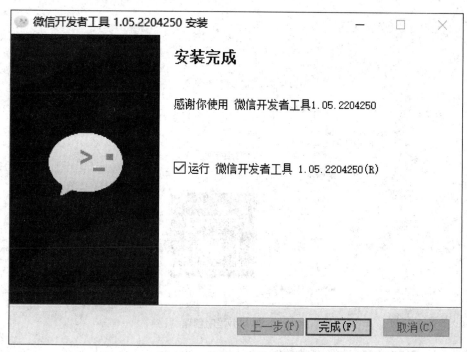

图 1-37 小程序工具安装页面

第七步：点击"完成"实现微信 Web 开发者工具安装并打开微信开发者工具，效果如图 1-38 所示。

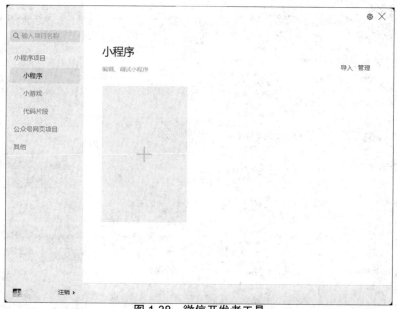

图 1-38 微信开发者工具

第八步：点击"+"区域创建一个名为"culturalrelic"微信小程序项目，并选择使用"JavaScript- 基础模板"，效果如图 1-39 所示。

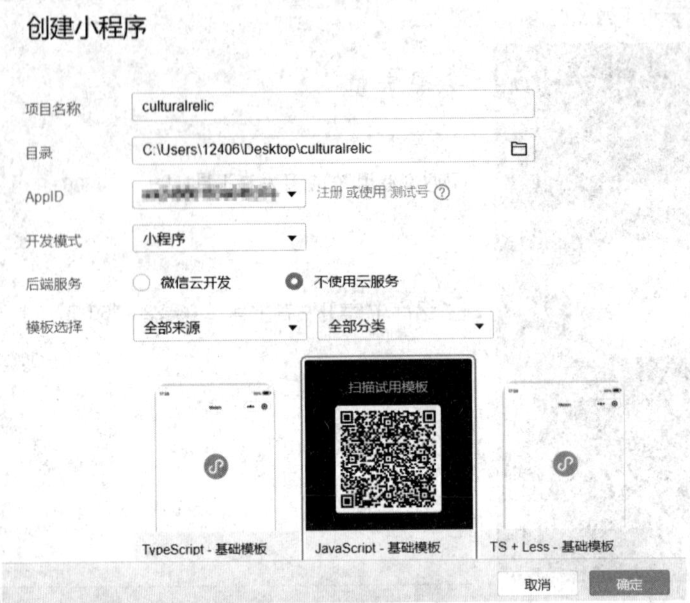

图 1-39 小程序创建

第九步：点击"确定"按钮完成微信小程序项目创建并进入微信开发者工具主界面，效果如图 1-40 所示。

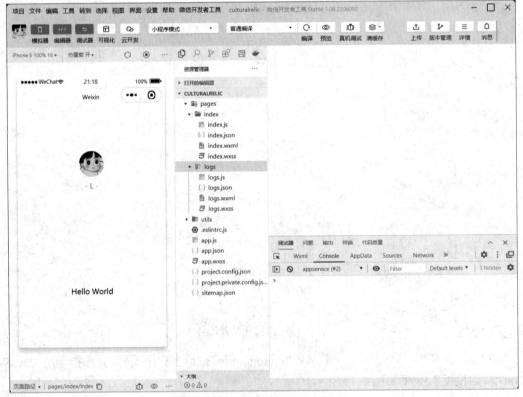

图 1-40 微信开发者工具主界面

本项目通过学习小程序的相关知识,读者对小程序设计界面的思想及相关概念有所认识,知道小程序和 APP 的区别,并详细了解了小程序的注册流程和开发者工具的使用,掌握了使用开发者工具开发小程序的步骤。

source	来源	network	网络系统
security	安全	storage	存储
sensor	传感器	trace	查找
action	行动	priority	优先
exact	准确的	inclusive	包含全部费用

1. 选择题

(1)腾讯推出微信是在( )年。

A. 2008　　　　　B. 2009　　　　　C. 2010　　　　　D. 2011

(2)以下哪个不是微信公众平台提供的账号( )。

A. 服务号　　　　B. 订阅号　　　　C. 小程序　　　　D. 申请号

(3)以下哪个不是微信开发者工具的界面组成( )。

A. 模拟器　　　　B. 编辑器　　　　C. 缓存区　　　　D. 调试器

(4)以下哪个不是微信小程序的特点( )。

A. 不需要在设备上进行下载和安装　　　　B. 节省安装时间和手机内存

C. 可放置在设备桌面一键打开　　　　D. 开发周期短

(5)小程序开发者工具中模拟器的选择项不包含( )。

A. 文档和源码文件　　B. 模拟的设备　　C. 显示比例　　　D. 网络模式

2. 简答题

(1)下载、安装微信 Web 开发者工具并创建 QuickStart 项目,之后点击前后台切换按钮从模拟器中查看场景值。效果如图。

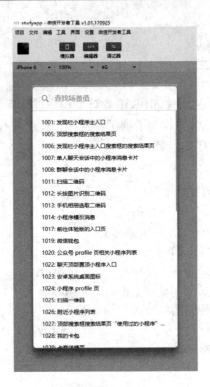

(2) 简述小程序项目结构中各个文件的作用。

项目二 微信小程序基础

读者通过对微信小程序基础知识的学习,了解微信小程序的配置,熟悉微信小程序的架构,掌握微信小程序基础组件以及事件的使用,具有独立完成微信小程序页面配置以及简单内容展示的能力。

技能目标:
- 理解小程序与普通网页开发的区别;
- 掌握小程序 JSON 配置中全局配置、页面配置的功能;
- 理解小程序中程序、页面的概念;
- 理解小程序中组件的概念;
- 熟练阅读和编辑工具配置 project.config.json 文件;
- 掌握小程序开发框架。

素养目标:
- 理解搜索界面的制作,树立正确的价值观、道德观;
- 理解事件代码编写规范,养成严谨、认真的工作态度;
- 通过解答疑难,树立服务意识,养成助人为乐的习惯;
- 通过中华文物展示,传承文化遗产,弘扬中华文明。

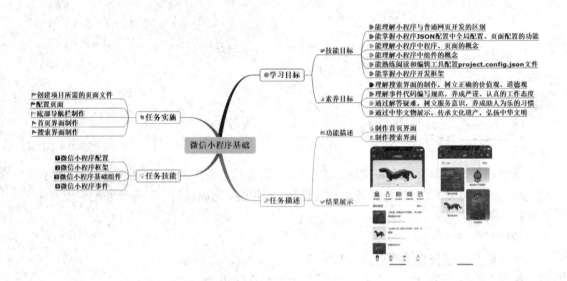

【情境导入】

随着经济的发展，艺术品市场发展迅猛，各类艺术品投资理财、艺术信托等新型金融产品的集中出现，引发了社会资本甚至普通民众参与艺术品投资的热潮，促进了文化的传承和艺术创新发展。但很多人并不具备相关的专业知识，为了让更多的人能够详细地了解我国各个博物馆收藏的物品，项目负责人 Pierre 和他的研发团队开发了一款关于文物展示的微信小程序，该小程序分为 4 个模块：首页、藏馆、文物和"我的"。本项目通过对微信小程序基础知识的学习，最终完成"我的"模块中首页以及搜索界面的制作。

课程思政：传承文化遗产，弘扬中华文明

中华文明源远流长、博大精深，文物是一个民族共同的记忆载体，文化遗产是一个国家的底蕴。让文物和文化遗产在新时代绽放新光彩，是人民之福，也是神圣的使命担当。挖掘出文物背后蕴藏的深厚内涵，让更多文物和文化遗产活起来，让文化遗产世代传承，是弘扬中华优秀传统文化、发展社会主义先进文化的应有之义，我们不仅要努力去做，更要用心做好，并坚守中华文化立场，提炼展示中华文明的精神标识和文化精髓，加快构建中国话语和中国叙事体系，讲好中国故事、传播好中国声音，展现可信、可爱、可敬的中国形象。

项目二 微信小程序基础

【功能描述】

- 制作首页界面；
- 制作搜索界面。

【效果展示】

读者通过对本项目的学习，了解微信小程序的配置、基础组件的使用以及事件的定义，能够完成首页界面和搜索界面的制作，效果如图 2-1 和图 2-2 所示。

图 2-1 首页界面

图 2-2 搜索界面

技能点一　微信小程序配置

在进行微信小程序开发时，需要根据需求进行一系列的配置，如全局性的设置（全局配置）、突出显示某页面的配置（页面配置）等。

1. 全局配置

全局配置是针对整个项目进行的配置，可以被本程序所有页面引用。进行全局配置，需要用到项目中的 app.json 文件，它决定着页面文件的路径、窗口表现、网络超时时间、选项卡页面等。app.json 配置选项如下所示。

```
{
    "pages": [],
    "window": {},
    "tabBar": {},
    "networkTimeout": {},
    "debug": true
}
```

1）pages

用于设置界面路径，当创建一个新界面后，需要在 pages 中进行添加，添加的规范为对应页面的"路径 + 文件名（不需要加后缀）"，pages 中的数据是一个数组，数组中的数据是字符串形式，其中数组中的第一项为项目的第一个页面，pages 中界面路径的设置如下所示。

```
{
    "pages":[
        "pages/index/index",
        "pages/logs/logs"
    ]
}
```

2）window

调整窗口样式，可以通过设置 window 属性来设置小程序的状态栏、导航条、标题、窗口背景色，window 属性见表 2-1。

表 2-1 window 属性

属性	描述
navigationBarBackgroundColor	设置导航栏背景颜色（默认值：#000000）
navigationBarTextStyle	设置导航栏标题颜色，可选属性值为 black/white
navigationBarTitleText	更改导航栏标题文字内容
navigationStyle	设置导航栏样式，当值为 custom 时，导航栏将隐藏
backgroundColor	设置窗口的背景色（默认值：#ffffff）
backgroundTextStyle	更改下拉背景字体、loading 图的样式，可选值为 dark/light
enablePullDownRefresh	开启 / 关闭下拉刷新
onReachBottomDistance	页面上拉时距离页面底部多少 px 时，触底事件触发
pageOrientation	屏幕旋转设置，可选值为 auto/portrait/landscape
visualEffectInBackground	切入系统后台时，隐藏页面内容，保护用户隐私

下面通过 window 属性对下拉背景字体、导航栏背景颜色、导航栏标题文字内容以及导航栏标题颜色进行设置，效果如图 2-3 所示。

图 2-3 调整窗口样式效果图

为实现图 2-3 所示结果，代码 CORE0201 如下所示。

代码 CORE0201：app.json

```
{
  "window":{
    "backgroundTextStyle":"light",
    "navigationBarBackgroundColor": "#000",
    "navigationBarTitleText": "WeChat",
    "navigationBarTextStyle":"white"
  }
}
```

3）tabBar

tabBar 用于设置底部导航，可以通过 tabBar 属性来改变导航的样式，底部导航页面的数量最多 5 个，最少 2 个。当 tabBar 属性的 position 设置为 top 时，导航不能显示 icon，另外，tabBar 属性的 list 中必须包含 pages 数组中的第一项数据。tabBar 属性见表 2-2。

表 2-2 tabBar 属性

属性	描述
color	tab 上的文字默认颜色
selectedColor	tab 上的文字选中时的颜色
backgroundColor	tab 的背景色
borderStyle	tabbar 上边框的颜色,仅支持 black/white
list	tab 的列表,最少 2 个、最多 5 个 tab
position	导航的位置,可选值 bottom、top
custom	自定义 tabBar

其中,list 是一个数组,用于指定底部导航栏各项内容,数组中包含的属性见表 2-3。

表 2-3 list 数组包含的属性

属性	描述
pagePath	页面路径,必须在 pages 中先定义
text	tab 上按钮文字
iconPath	图片路径,icon 大小限制为 40 kB,建议尺寸为 81 px*81 px,当 postion 为 top 时,此参数无效
selectedIconPath	选中时的图片路径,icon 大小限制为 40 kB,建议尺寸为 81 px*81 px,当 postion 为 top 时,此参数无效

下面通过 tabBar 属性对底部导航进行设置,将其分为首页和设置两项,效果如图 2-4 所示。

图 2-4 设置 tabBar 后的效果图

为实现图 2-4 所示结果，代码 CORE0202 如下所示。

代码 CORE0202：app.json

```
{
  "tabBar": {
    "color": "#000000",
    "borderStyle": "black",
    "selectedColor": "#9999FF",
    "list": [{
      "pagePath": "pages/index/index",
      "text": " 首页 "
    },{
      "pagePath": "pages/logs/logs",
      "text": " 日志 "
    }]
  }
}
```

4）networkTimeout

在微信小程序中，可以使用 networkTimeout 设置不同 API 触发网络请求时的超时时间，networkTimeout 的属性见表 2-4。

表 2-4　networkTimeout 的属性

属性	描述
request	wx.request 函数执行的超时时间，默认为：60 000 ms
connectSocket	wx.connectSocket 函数执行的超时时间，默认为：60 000 ms
uploadFile	wx.uploadFile 函数执行的超时时间，默认为：60 000 ms
downloadFile	wx.downloadFile 函数执行的超时时间，默认为：60 000 ms

5）Debug

通过设置""debug":true"在微信小程序开发者工具中开启 debug 模式，在控制台面板中，可以看到运行后小程序代码中存在的错误、事件的触发等信息。可以帮助开发者发现问题以及查看错误的位置，使开发者能够快速解决问题。

2. 页面配置

页面配置是通过配置 pages 里面文件夹中的 .json 文件实现的，其目的是实现对应页面中样式的设置。页面配置相对全局配置来说更加容易，主要是因为页面所对应的 .json 文件只能配置 app.json 文件中对应的 window 项。下面通过页面配置将 index 界面的导航栏背景色修改为白色、字体修改为黑色，效果如图 2-5 所示。

图 2-5 修改页面配置后的效果图

为实现图 2-5 所示效果,代码 CORE0203 如下所示。

代码 CORE0203:index.json

```json
{
  "navigationBarBackgroundColor": "#ffffff",
  "navigationBarTextStyle": "black",
  "navigationBarTitleText": "WeChat",
  "backgroundColor": "#eeeeee",
  "backgroundTextStyle": "light"
}
```

技能点二 微信小程序框架

一个简单的微信小程序开发框架被分为 2 个部分,分别是逻辑层和视图层。其中,逻辑层通过 JavaScript 引擎提供 JavaScript 代码的运行环境以及微信小程序的特有功能,如页面生命周期、小程序注册、页面注册、API、页面路由等,能够对数据进行处理后将其发送至视图层,并接收视图层事件的反馈。而视图层由 WXML 与 WXSS 编写,可以将逻辑层发送的数据通过组件进行展示,并将视图层的事件发送给逻辑层。

1. 生命周期

生命周期是指一个对象的生老病死的过程,从软件的角度讲,生命周期指项目的创建、开始、暂停、唤起、停止和卸载的过程。小程序的生命周期又分两方面,分别是应用生命周期和页面生命周期,此处主要介绍页面生命周期,效果如图 2-6 所示。

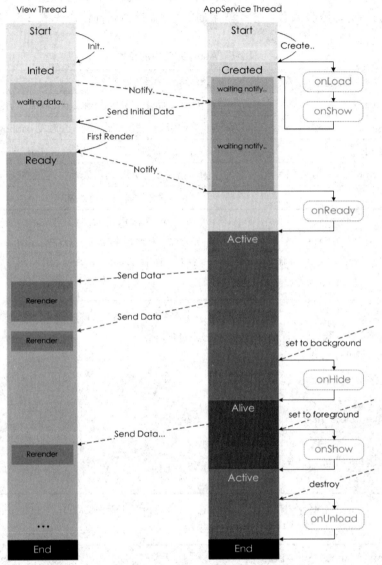

图 2-6　生命周期函数

根据图 2-6 可以看出界面线程的四大状态:初始化数据、首次渲染状态、持续渲染状态、结束状态。其中初始化状态指初始化线程所需要的工作,等初始化完成后向"服务线程"发送信号,进入初始化状态;首次渲染状态的过程为接收"服务线程"发来的初始数据,然后开始渲染,之后传递信号给"服务线程",并显示在页面上。持续渲染状态为等待"服务线程"传递过来的数据并进行渲染。结束状态为整个线程结束。

2. 小程序注册

在微信小程序的开发中,小程序的注册通过 App() 函数实现,必须写在 app.js 中,该函数相当于提供了一个小程序的实例,开发者可以在页面的 .js 文件中通过 getApp() 调用这个实例。

App() 方法中包含了一些参数,这些参数中有一些函数,例如生命周期函数、错误监听函数等,开发者也可以自行添加一些函数或者其他任意类型的属性,这些参数可以对整个小程序的生命周期进行监听或者设置一些全局的数据,具体属性信息见表 2-5。

表 2-5 App() 方法中的参数

属性	描述
onLaunch	当小程序初始化完成时会触发 onLaunch 方法
onShow	小程序启动或从后台进入前台显示,会触发 onShow 方法
onHide	小程序从前台进入后台,会触发 onHide 方法
onError	小程序发生脚本错误或者 API 调用失败时,会触发 onError 方法
其他	开发者可自行添加

根据小程序生命周期可知,小程序在初始化后才能进行显示,因此,onLaunch 执行后才可执行 onShow 方法,小程序进行前后台切换时会执行 onShow 和 onHide 方法,app.js 中小程序注册的语法格式如下所示。

```
App({
    onLaunch (options) {},
    onShow (options) {},
    onHide () {},
    onError (msg) {
        console.log(msg)
    },
    globalData: 'I am global data'
})
```

需要注意的是,在整个小程序中只存在一个 App 的实例,被所有页面共享,可以通过 getApp() 方法进行获取,语法格式如下所示。

```
const appInstance = getApp()
console.log(appInstance.globalData)
```

3. 页面注册

页面注册使用 Page() 方法,该方法与 App() 类似,同样可以提供实例,其区别在于 App() 是用来注册整个小程序的,Page() 是用来注册单个页面的。Page() 方法要写在每个页面的 .js 文件中。Page() 方法中的参数与 App() 中的参数类似,但又有所区别,例如 Page() 的参数中没有初始化小程序的函数 onLaunch(),App() 的参数中也没有 onPullDownRefresh() 等一些页面操作的相关函数。Page() 方法接受的参数包括初始化数据、生命周期函数、页面相关的事件处理函数和其他事件处理函数,参数说明见表 2-6。

表 2-6　Page() 方法中的参数

属性	描述
data	具有存放页面初始化数据的作用，可通过 {{}} 对视图层进行渲染
onLoad	当页面加载完成时执行的生命周期函数
onReady	当页面初次渲染完成时执行的生命周期函数
onShow	当进入页面或从后台进入前台时执行的生命周期函数
onHide	当页面跳转到其他页面或从前台进入后台时执行的生命周期函数
onUnload	当页面重定向或返回上一页时触发
onPullDownRefresh	当页面下拉刷新时执行的方法
onRechButtom	当页面上拉触底时执行的方法
onShareAppMessage	设置当用户点击右上角转发时产生的转发界面的相关内容
onPageScroll	当用户滑动屏幕时触发的事件
其他	开发者任意添加自定义函数，并可用 this 访问

下面在 Page() 方法中应用不同函数显示页面加载顺序，效果如图 2-7 所示。

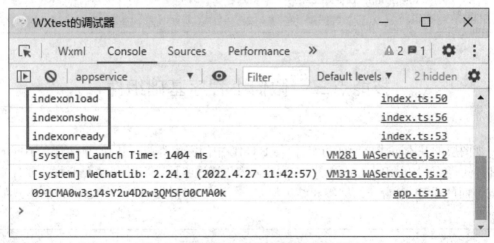

图 2-7　显示页面加载顺序的控制台效果图

为实现图 2-7 所示的效果，代码 CORE0204 如下所示。

代码 CORE0204：index.js

```
Page（{
 onLoad：function（）{
  console.log（'indexonload'）；
 },
 onReady：function（）{
  console.log（'indexonready'）；
 },
```

```
    onShow: function () {
        console.log('indexonshow');
    },
    onHide: function () {
console.log('indexonhide');
},
        onUnload: function () {
        console.log('indexonunlode');
    },
    onPullDownRefresh: function () {
        console.log('indexonPullDownRefresh');
    },
    onReachBottom: function () {
        console.log('indexonReachBottom');
    },
    onShareAppMessage: function () {
        console.log('indexonShareAppMessage');
    }
```

技能点三 微信小程序基础组件

视图层的基本组成单元即为组件,与 HTML 中的标签类似,不同的组件具有不同的功能和样式,界面中出现的文字、图片、视频等内容均通过组件进行展示,并结合样式属性实现不同界面的设计,包含开始标签和结束标签,并通过属性进行样式的装饰,语法格式如下所示。

```
< 组件名称 属性 =" 值 ">
    内容
</ 组件名称 >
```

1. 视图展示组件

视图展示组件是微信小程序最基本的组件,主要用于页面的排版并为其他组件提供载体,以实现界面骨架的设计,常用的视图展示组件见表 2-7。

表 2-7 常用视图展示组件

组件	描述
view	视图容器组件

续表

组件	描述
scroll-view	滚动视图组件
swiper	轮播图组件

1）view

view 是视图容器组件，相当于 HTML 代码中的 div 标签，用来盛放展示数据的容器，可以将数据呈现给用户。并且 view 组件成对出现使用，可以在组件中放入其他组件，也可以使用在其他组件中，使用简单，没有固定结构。view 标签有多种属性来进行视图的展示，view 属性见表 2-8。

表 2-8 view 的属性

属性	描述
flex-direction	设置排列方式，常用属性值如下。 row：从左到右的水平方向为主轴 row-reverse：从右到左的水平方向为主轴 column：从上到下的垂直方向为主轴 column-reverse：从下到上的垂直方向为主轴
justify-content	设置水平对齐方式，常用属性值如下。 flex-start：主轴起点对齐（默认值） flex-end：主轴结束点对齐 space-between：两端对齐，除了两端的子元素分别靠向两端的容器之外，其他子元素之间的间隔都相等 center：在主轴中居中对齐 space-around：每个子元素之间的距离相等，两端的子元素距离容器的距离也和其他子元素之间的距离相同
align-items	设置垂直对齐方式，常用属性值如下。 stretch：填充整个容器（默认值） flex-start：侧轴的起点对齐 flex-end：侧轴的终点对齐 center：在侧轴中居中对齐 baseline：以子元素的第一行文字对齐

另外，view 除了这些通用属性还有一些只有子 view 才支持的属性，见表 2-9。

表 2-9　只有子 view 支持的属性

属性	描述
align-self	可以覆盖父元素的 align-items 属性，它有 6 个值可选：auto、flex-start、flex-end、center、baseline、stretch（auto 为继承父元素 align-items 的属性，其他和 align-items 一致）
flex-wrap	换行设置，常用属性值如下。 nowrap：不换行（默认） wrap：换行 wrap-reverse：换行，第一行在最下面
order	可以控制子元素的排列顺序，默认为 0

使用 view 组件对页面结构进行设置，效果如图 2-8 所示。

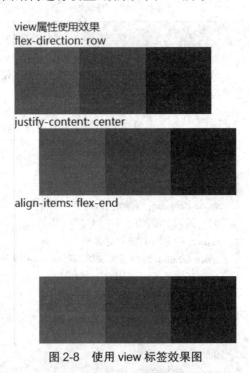

图 2-8　使用 view 标签效果图

为了实现图 2-8 所示的效果，代码 CORE0205、CORE0206 如下所示。

代码 CORE0205：view.wxml

```
<view class="page">
    <view class="page__hd">
        <text class="page__title">view</text>
        <text class="page__desc"> 属性使用效果 </text>
    </view>
    <view class="page__bd">
```

```
                <view class="section">
                    <view class="section__title">flex-direction: row</view>
                    <view class="flex-wrp" style="flex-direction:row;">
                        <view class="flex-item" style="background: red"></view>
                        <view class="flex-item" style="background: green"></view>
                        <view class="flex-item" style="background: blue"></view>
                    </view>
                </view>
                <view class="section">
                    <view class="section__title">justify-content: center</view>
                    <view class="flex-wrp" style="flex-direction:row;justify-content: center;">
                        <view class="flex-item" style="background: red"></view>
                        <view class="flex-item" style="background: green"></view>
                        <view class="flex-item" style="background: blue"></view>
                    </view>
                </view>
                <view class="section">
                    <view class="section__title">align-items: flex-end</view>
                    <view class="flex-wrp"style="height: 200px;flex-direction:row;justify-content:center;align-items: flex-end">
                        <view class="flex-item" style="background: red"></view>
                        <view class="flex-item" style="background: green"></view>
                        <view class="flex-item" style="background: blue"></view>
                    </view>
                </view>
            </view>
        </view>
```

代码 CORE0206：view.wxss

```
.flex-wrp{
    height: 100px;
    display:flex;
    background-color: #FFFFFF;
}
.flex-item{
    width: 100px;
    height: 100px;
}
```

2）scroll-view

scroll-view 是滚动视图组件，分为水平滚动和垂直滚动，可以更多地展示数据，并节约页面的空间，使页面布局美观大方，能呈现给用户更多的内容（注意：当纵向滚动时需要设置高度，当横向滚动时需要设置宽度）。scroll-view 组件有多种属性来进行视图的展示，scroll-view 属性见表 2-10。

表 2-10 scroll-view 的属性

属性	描述
scroll-x	可以横向滚动
scroll-y	可以纵向滚动
upper-threshold	当滚动到距离顶部/左边有多少 px 时触发 scrolltoupper 事件
lower-threshold	当滚动到距离底部/右边有多少 px 时触发 scrolltoupper 事件
scroll-top	设置纵向滚动条距离顶部的位置
scroll-left	设置横向滚动条距离左边的位置
scroll-into-view	属性值为子元素的 id（不能为数字开头），滚动到该位置
scroll-with-animation	在设置位置时使用动画过渡
refresher-default-style	设置自定义下拉刷新默认样式
refresher-background	设置自定义下拉刷新区域背景颜色
show-scrollbar	滚动条显隐控制
paging-enabled	分页滑动效果
binddragstart	滑动开始事件
binddragging	滑动事件
binddragend	滑动结束事件
bindscrolltoupper	当滚动条滚动到顶部/左边时触发 scrolltoupper 事件
bindscrolltolower	当滚动条滚动到底部/右边时触发 scrolltoupper 事件
bindscroll	当滚动时，触发函数

使用 scroll-view 组件分别设置垂直滚动和水平滚动，效果如图 2-9 所示。

图 2-9 使用 scroll-view 标签效果图

项目二 微信小程序基础

为了实现图 2-9 所示的效果，代码 CORE0207、CORE0208 如下所示。

代码 CORE0207：scroll-view.wxml

```
<!-- 垂直滚动 -->
<scroll-view scroll-y="true" style="height: 200px">
    <view class="view-y" style="background: red;" ></view>
    <view class="view-y" style="background: green;"></view>
    <view class="view-y" style="background: blue;"></view>
    <view class="view-y" style="background: yellow;"></view>
</scroll-view>
<!-- 水平滚动 -->
<scroll-view scroll-x="true" style=" white-space: nowrap; width:350; display: inline-block" >
<!--  display: inline-block-->
    <view class="view-x" style="background: red;" ></view>
    <view class="view-x" style="background: green;"></view>
    <view class="view-x" style="background: blue;"></view>
    <view class="view-x" style="background: yellow;"></view>
</scroll-view>
```

代码 CORE0208：scroll-view.wxss

```
.view-y{
    width: 100px;
    height: 100px;
}
.view-x{
    width: 200px;
    height: 100px;
    display: inline-block
}
```

3）swiper

swiper 是轮播图组件，由多个容器组成，每个容器之间可以滑动切换，其代码结构由轮播图容器（<swiper>）和轮播图组件（<swiper-item>）组成。swiper 组件有多种属性来进行视图的展示，swiper 属性见表 2-11。

表 2-11　swiper 的属性

属性	描述
indicator-dots	选择是否显示指示点（默认为 false）

续表

属性	描述
indicator-color	设置指示点颜色
indicator-active-color	指示点选中时显示的颜色
autoplay	是否自动轮播
current	所在页面的下标（index）
interval	轮播间隔时间
duration	轮播过程时间
circular	设置衔接滑动
vertical	设置纵向滑动
previous-margin	前边距
next-margin	后边距
display-multiple-items	同时显示的滑块数量
easing-function	指定切换时的动画类型，常用属性值如下。 default：默认缓动函数 linear：线性动画 easeInCubic：缓入动画 easeOutCubic：缓出动画 easeInOutCubic：缓入缓出动画
bindchange	轮播时触发事件返回值

使用 swiper 组件设置轮播效果，轮播间隔时间为 2 秒，轮播过程时间为 1 秒，效果如图 2-10 所示。

图 2-10　使用 swiper 标签的效果

为了实现图 2-10 所示的效果，代码 CORE0209 如下所示。

代码 CORE0209：swiper.wxml

```
<swiper indicator-dots="true" autoplay="true" interval="2000" duration="1000">
  <block>
    <swiper-item>
      <view style="width:355px; height:150px;background:red;"></view>
```

```
      </swiper-item>
    </block>
    <block>
      <swiper-item>
        <view style="width:355px; height:150px;background:green;"></view>
      </swiper-item>
    </block>
    <block>
      <swiper-item>
        <view style="width:355px; height:150px;background:yellow;"></view>
      </swiper-item>
    </block>
  </swiper>
```

2. 基础内容组件

与视图展示组件不同，基础内容组件主要用于展示文本、图标、进度条等内容，同样是界面不可或缺的存在，常用的基础内容组件见表 2-12。

表 2-12 常用基础内容组件

组件	描述
icon	图标组件
text	文本组件
progress	进度条组件
rich-text	渲染富文本

1）icon

当开发者想在页面中添加一些小图标时，可通过微信小程序自带的 icon 组件进行添加。icon 是一种图标格式，用于系统图标、软件图标等，扩展名为 .icon 或 .ico。通过 icon 图标可以方便地显示程序的操作状态，提升用户体验。在使用 icon 图标时可以设置图标的类型、大小和颜色，icon 属性见表 2-13。

表 2-13 icon 属性

属性	说明
type	表示图标的类型
size	表示设置的图标的大小（未设置默认为 23 px）
color	表示设置的图标的颜色

其中，icon 图标类型目前支持 success，info，warn 等 10 种，具体见表 2-14。

表 2-14 icon 图标类型

属性值	说明
success	成功标志
success_no_circle	安全成功标志
info	提示信息
warn	警告信息
waiting	等待图标
waiting_circle	带圆的等待图标
cancel	取消图标
download	下载图标
search	搜索图标
clear	清除图标

使用 icon 组件进行图标的设置,效果如图 2-11 所示。

图 2-11 使用 icon 图标效果图

为了实现图 2-11 所示的效果,代码 CORE0210 如下所示。

代码 CORE0210: icon. wxml
<icon type="success"/> <icon type="success" size='50'/> <icon type="success" size='50' color='#f00'/>

2) text

text 组件用于向视图中添加文本,并可使用不同属性实现对文本的控制,包括文字是否允许被选中,是否解码等,具体属性见表 2-15。

表 2-15 text 组件属性表

属性	说明
selectable	表示文字是否允许被选择,默认为 false
user-select	文本是否可选
space	表示是否显示连续空格及其样式,包括:ensp(中文字符空格一半大小)、emsp(中文字符空格大小)、nbsp(根据字体确定空格大小)
decode	表示文字是否解码,默认为 false

使用 text 组件进行文本内容的添加，效果如图 2-12 所示。

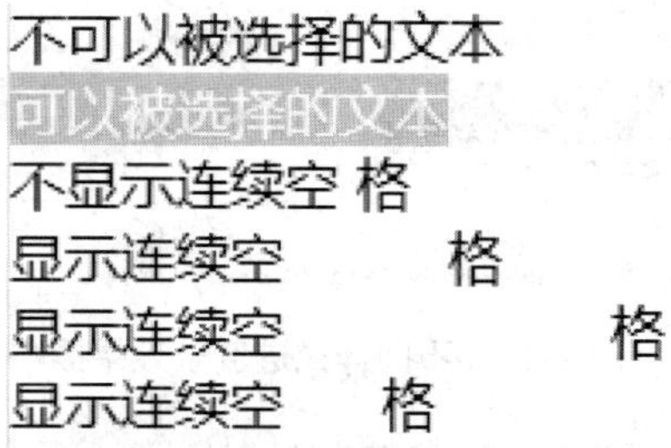

不可以被选择的文本
可以被选择的文本
不显示连续空 格
显示连续空   格
显示连续空   格
显示连续空   格

图 2-12　使用文本属性效果图

为了实现图 2-12 所示的效果，代码 CORE0211 如下所示。

代码 CORE0211：text.wxml
\<view>\<text> 不可以被选择的文本 \</text>\</view>   \<view>\<text selectable='true'> 可以被选择的文本 \</text>\</view>   \<view>\<text> 不显示连续空　　格 \</text>\</view>   \<view>\<text space='ensp'> 显示连续空　　格 \</text>\</view>   \<view>\<text space='emsp'> 显示连续空　　格 \</text>\</view>   \<view>\<text space='nbsp'> 显示连续空　　格 \</text>\</view>

3）progress

progress 用于在视图中添加一个进度条，以显示一项任务的完成进度，比如视频、音频的播放进度、数据下载进度等。progress 组件可以单独或成对使用，在开发过程中进度条可以通过其自身的属性改变样式，具体的属性见表 2-16。

表 2-16　progress 组件属性表

属性	说明
percent	表示进度的百分比
show-info	表示是否在进度条后面显示进度百分比
border-radius	圆角大小
font-size	右侧百分比字体大小
stroke-width	设置进度条宽度（单位 px）
color	设置进度条颜色（推荐使用 activeColor 属性，二者效果相同）
activeColor	设置进度条颜色
backgroundColor	进度条背景颜色
active	是否显示从左往右的动画
active-mode	动画播放设置，backwards 表示动画从头播；forwards 表示动画从上次结束点接着播
duration	进度增加 1% 所需时间（毫秒）

使用 progress 组件实现不同颜色、宽度的进度条,效果如图 2-13 所示。

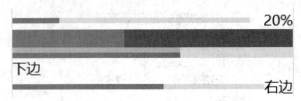

图 2-13 不同样式进度条效果图

为了实现图 2-13 所示的效果,代码 CORE0212 如下所示。

代码 CORE0212:progress.wxml

`<progress percent="20" show-info/>`
`<progress percent="40" stroke-width="20" backgroundColor='red'/>`
`<progress percent="60" active activeColor='pink' />`
`<progress percent="60"/>` 下边
`<progress percent="60">` 右边 `</progress>`

4) rich-text

在微信小程序中,经常会遇到新闻资讯内容的制作,这些内容通常会以富文本的方式存在,而 rich-text 就是微信小程序中渲染富文本的组件,也就是可以实现 HTML 代码的运行并呈现结果,在使用时,只需提供对应的代码块即可,rich-text 组件常用属性见表 2-17。

表 2-17 rich-text 组件属性表

属性	描述
nodes	HTML 代码
space	是否显示连续空格,常用值: ensp 中文字符空格一半大小 emsp 中文字符空格大小 nbsp 根据字体设置空格大小
user-select	文本可选设置,当值为 true 时,会使节点显示为 block 而使文本不可选择

使用 rich-text 组件实现富文本渲染,效果如图 2-14 所示。

图 2-14 富文本渲染

为了实现图 2-14 所示的效果,代码 CORE0213、CORE0214 如下所示。

代码 CORE0213:rich-text.wxml

```
<rich-text nodes="{{htmlSnip}}"></rich-text>
```

代码 CORE0214:rich-text.js

```
Page({
  data: {
    htmlSnip:`<div class="div_class">
      <h1>Title</h1>
      <p class="p">
        Life is <i>like</i> a box of
        <b> chocolates</b>.
      </p>
    </div>
    `
  },
})
```

3. 导航组件

navigator 是导航组件,类似于 HTML 代码中的 a 标签,用来链接页面并进行页面的跳转。navigator 组件成对出现使用,当组件的 url 属性填入想要跳转页面的相对路径后,点击组件包含的内容区域就可以进行跳转,使用简单、方便。navigator 组件有多种属性来进行跳转的设置,navigator 属性见表 2-18。

表 2-18 navigator 组件属性表

属性	描述
url	跳转页面的相对路径
open-type	设置页面跳转的方式
delta	设置跳转后退页面的层数,当 open-type='navigateBack' 时才能有效
hover-class	设置点击时的样式
hover-stop-propagation	阻止本节点的祖先节点出现点击状态
hover-start-time	点击时间设置,单位为毫秒
hover-stay-time	设置点击后延迟时间,单位为毫秒

其中,navigator 的 open-type 属性值见表 2-19。

表 2-19 open-type 属性值列表

属性	描述
navigate	保留当前页面进行页面跳转
redirect	关闭当前页面进行页面跳转
switchTab	跳转到 tabBar 页面
reLaunch	关闭所有页面进行页面跳转
navigateBack	关闭当前页面，返回上一页面或多级页面

使用 navigator 组件设置页面链接，效果如图 2-15 所示。

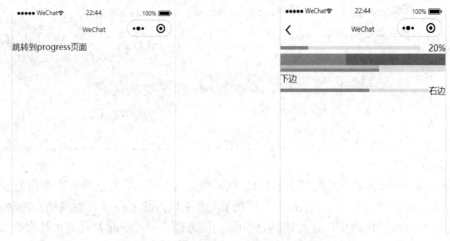

图 2-15 使用 navigator 标签跳转效果图

为了实现图 2-15 所示的效果，代码 CORE0215 如下所示。

```
代码 CORE0215：navigator.wxml
<view class="btn-area">
    <navigator url="../progress/progress" hover-class="other-navigator-hover">跳转到 progress 页面 </navigator>
</view>
```

技能点四 微信小程序事件

在开发微信小程序项目时，除了需要合理的布局及优美的样式外，最重要的一点是还需要给项目添加相应的事件。微信小程序中的事件和 JS（JavaScript）事件一样，包括点击事件、触摸事件等。事件是连接视图层和逻辑层的通道，是页面之间进行交互的工具，是数据进行处理的场所,还可以对函数进行相关处理并携带信息以用于数据交互。

1. 冒泡事件

冒泡事件由触发这个事件的节点向该节点的父级节点进行传递,从里到外,直到到达该节点的最外层节点结束。冒泡事件有多种事件类型,通过不同的事件类型可以实现多种效果,事件的类型见表 2-20,其中通过"bind"或"catch"与事件类型相结合可以实现元素的事件绑定,格式:"bind/catch+ 事件类型"。其中 bind 不会阻止事件冒泡,catch 可以阻止事件冒泡。

表 2-20　事件类型

类型	描述
touchstart	触摸开始
touchmove	触摸移动(手指不能离开屏幕)
touchcancel	打断触摸(如:弹出窗口)
touchend	触摸结束
tap	触摸点击
longpress	长按触摸(优先级高于 tap)
longtap	长按触摸

下面通过 bind/catch+ 事件类型设置点击事件观察事件冒泡效果,其中点击前效果如图 2-16 所示。当点击图中 inner 区域时,middle 区域点击事件(catch 事件)也将被触发,但不会触发 outer 区域的点击事件,如图 2-17 所示。当点击图中 middle 区域时,由于 catch 事件的作用,只有 middle 区域点击事件被触发,如图 2-18 所示。当点击图中 outer 区域时,由于它是最外层节点,不能再向上冒泡,所以只有 outer 区域点击事件被触发,如图 2-19 所示。

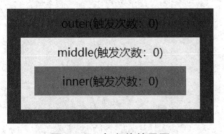

图 2-16　点击前效果图

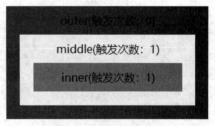

图 2-17 点击 inner 区域

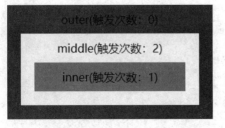

图 2-18 点击 middle 区域

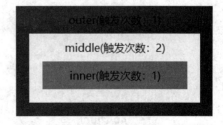

图 2-19 点击 outer 区域

为了实现图 2-16、2-17、2-18、2-19 所示的效果，代码 CORE0216、CORE0217 如下所示。

代码 CORE0216：bubble.wxml

```
<view style='background: blue;padding: 10px;margin: 10px;text-align: center;' bindtap="bindtap1">
    outer( 触发次数：{{num1}})
    <view style='background:yellow;padding:10px;margin:10px;text-align: center;' catchtap="bindtap2">
        middle( 触发次数：{{num2}})
        <view style='background:red;padding:10px;margin:10px;text-align: center;' bindtap="bindtap3">
            inner( 触发次数：{{num3}})
        </view>
    </view>
</view>
```

代码 CORE0217：bubble.js

```
Page({
  data: {
    num1:0,
    num2:0,
    num3:0
  },
  bindtap1: function () {
    console.log('bindtap1 被触发 ')
    var that=this;
    var nownum = that.data.num1+1;
    console.log(nownum)
    that.setData({
      num1: nownum
    })
  },
  bindtap2: function () {
    console.log('bindtap2 被触发 ')
    var that = this;
    var nownum = that.data.num2 + 1;
    console.log(nownum)
    that.setData({
      num2: nownum
```

```
      })
    },
    bindtap3: function () {
      console.log('bindtap3 被触发 ')
      var that = this;
      var nownum = that.data.num3 + 1;
      console.log(nownum)
      that.setData({
        num3: nownum
      })
    },
    onLoad: function () {
      console.log('onLoad')
    }
  })
```

2. 捕获事件

捕获事件与冒泡事件的事件类型大致相同,不同的是冒泡事件使用的 bind 和 catch 事件,捕获事件使用的 capture-bind 和 capture-catch 事件,其中,capture-bind 不对捕获事件进行阻止,capture-catch 会阻止捕获事件的进行。另外捕获事件执行时,只执行当前事件的函数,当前事件以外的不进行执行。

执行捕获事件的初始化效果如图 2-20 所示,当点击图中 outer 区域时,捕获事件执行,只执行当前点击事件,效果如图 2-21 所示。当点击图中 inner 区域后,先捕获事件被执行(函数方法不被执行),之后再通过冒泡事件进行函数方法的执行,效果如图 2-22 所示。

图 2-20 点击前效果图　　图 2-21 点击 outer 区域　　图 2-22 点击 inner 区域

为了实现图 2-20、2-21、2-22 所示的效果,代码 CORE0218、CORE0219 如下所示。

代码 CORE0218:catch.wxml

```
<view style='background: blue;padding: 10px;margin: 10px;text-align: center;' bind:tap="touchstart3" capture-bind:tap="touchstart1">
    outer( 触发次数: {{num1}})
    <view style='background: red;padding: 10px;margin: 10px;text-align: center;' bind:tap="touchstart4" capture-bind:tap="touchstart2">
        inner( 触发次数: {{num2}})
```

```
    </view>
</view>
```

代码 CORE0219：catch.js

```
Page({
  data: {
    num1: 0,
    num2: 0
  },
  // 事件处理函数
touchstart1: function () {
    console.log('touchstart1 被触发 ')
    var that = this;
    var nownum = that.data.num1 + 1;
    console.log(nownum)
    that.setData({
      num1: nownum
    })
  },
  touchstart2: function () {
     console.log('touchstart2 被触发 ')
     var that = this;
     var nownum = that.data.num2 + 1;
     console.log(nownum)
     that.setData({
       num2: nownum
     })
  },
  touchstart3: function () {
    console.log('touchstart3 被触发 ')
  },
  touchstart4: function () {
    console.log('touchstart4 被触发 ')
  },
  onLoad: function () {
    console.log('onLoad')
  }
})
```

通过上面的学习,读者可以了解微信小程序的配置、框架、基础组件以及事件,通过以下几个步骤,完成"古物图鉴"项目首页主界面以及搜索界面的制作。

第一步:找到项目中 pages 文件夹,点击鼠标右键,创建藏馆、文物和"我的"等项目所需文件夹,并在相对应的文件夹下创建 .js、.wxml、.wxss 和 .json 文件,文件名称和文件夹名称相同。目录树如图 2-23 所示。

```
▶ images
▼ pages
  ▶ antique
  ▶ antiquedetail
  ▶ audio
  ▶ audiovisual
  ▶ index
  ▶ information
  ▶ informationdetail
  ▶ mine
  ▶ museum
  ▶ museumdetail
  ▶ mycollection
  ▶ opinion
  ▶ search
  ▶ setting
  ▶ storehouse
  ▶ video
```

图 2-23　目录树

第二步:在 app.json 文件中进行页面配置。代码 CORE0220 如下所示。

代码 CORE0220:app.json
{ 　"pages":[　　"pages/index/index", 　　"pages/mine/mine", 　　"pages/museum/museum", 　　"pages/storehouse/storehouse", 　　"pages/setting/setting", 　　"pages/search/search", 　　"pages/information/information",

```json
      "pages/informationdetail/informationdetail",
      "pages/opinion/opinion",
      "pages/antique/antique",
      "pages/antiquedetail/antiquedetail",
      "pages/video/video",
      "pages/museumdetail/museumdetail",
      "pages/audiovisual/audiovisual",
      "pages/audio/audio",
      "pages/mycollection/mycollection"
  ],
  "style": "v2",
  "sitemapLocation": "sitemap.json"
}
```

第三步：在根目录下，创建一个用于存储本地图标图片的 images 文件夹，并添加项目所需的图片，之后在 app.json 文件中进行底部导航栏的制作。代码 CORE0221 如下。

代码 CORE0221：app.json

```json
{
  "tabBar": {
    "list": [
      {
        "pagePath": "pages/index/index",
        "text": " 首页 ",
        "iconPath": "images/home.png",
        "selectedIconPath": "images/home (2).png"
      },
      {
        "pagePath": "pages/museum/museum",
        "text": " 藏馆 ",
        "iconPath": "images/palace.png",
        "selectedIconPath": "images/palace (2).png"
      },
      {
        "pagePath": "pages/storehouse/storehouse",
        "text": " 文物 ",
        "iconPath": "images/fan.png",
        "selectedIconPath": "images/fan (2).png"
      },
```

```
            {
                "pagePath": "pages/mine/mine",
                "text": " 我的 ",
                "iconPath": "images/user.png",
                "selectedIconPath": "images/user (2).png"
            }
        ],
        "borderStyle": "white",
        "color": "#1c1c1c",
        "selectedColor": "#7d0101"
    }
}
```

效果如图 2-24 所示。

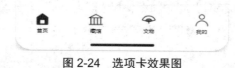

图 2-24　选项卡效果图

第四步：首页的制作，包含 4 个部分，分别是头部、轮播图、中部导航栏以及精彩推荐。其中，头部通过将 navigationStyle 属性设置为 custom 进行隐藏后，使用标签以及样式的设置完成头部自定义，并通过 wx.getSystemInfo() 方法获取状态栏的高度，并且由于该部分在多个界面均存在，因此将它的 wxss 的内容存放在 app.wxss 中；轮播图采用轮播组件（swiper）制作，并需要为图片设置宽高来改变图片的大小；中部导航栏通过 scroll-view 组件创建可滚动视图区域，并指定横向滚动，当点击指定导航项时会跳转至相关页面；精彩推荐区域，主体内容使用 dl 标签实现，并且被分为左侧图片区域以及右侧内容区域两个部分；代码 CORE0222~CORE0224 如下，WXSS 代码需自行定义。

代码 CORE0222：index.json

```json
{
    "navigationStyle": "custom",
    "usingComponents": {}
}
```

代码 CORE0223：index.wxml

```
<view id="title" style="padding-top: {{statusBarHeight}}px;">
  <text> 古物图鉴 </text>
  <image src="../../images/index_search.png" bindtap="gosearch"></image>
</view>
<view style="position: relative;top: {{44+statusBarHeight}}px;background: #7d0101;height: 205px;">
  <swiper class="lunbo" indicator-dots="true" indicator-color="#fff" autoplay="autoplay" interval="8000" duration="2000" circular="true" id="mainpic">
    <swiper-item class="pic" wx:for="{{imgUrls}}">
      <navigator hover-class="navigator-hover">
        <image src="{{item.url}}" class="slide-image" style="width: {{screenWidth}}px;"/>
      </navigator>
    </swiper-item>
  </swiper>
</view>
<view id="body" style="position: relative;top: {{44+statusBarHeight}}px;">
  <view id="nav">
    <scroll-view scroll-x="true" enhanced="true" show-scrollbar="{{false}}" style="white-space: nowrap; width:350; display: inline-block" >
      <navigator class="navlist" wx:for="{{navlist}}" url="{{item.path}}" open-type="{{item.type}}">
        <view>
          <image src="{{item.url}}"></image>
        </view>
        <text>{{item.text}}</text>
      </navigator>
```

```
        </scroll-view>
    </view>
    <view id="information">
        <view class="title">
            <text> 精彩推荐 </text>
            <navigator url="../information/information" hover-class="none"> 更 多 <image src="../../images/right.png"></image></navigator>
        </view>
        <dl style="width: {{screenWidth}}px;" wx:for="{{information}}" wx:for-index="indexlist" data-index="{{indexlist}}" bindtap="goinformationdetail">
            <dt><image src="{{item.url}}"></image></dt>
            <view style="width: {{screenWidth-105}}px;">
                <dd class="name">{{item.name}}</dd>
                <dd class="time"><image src="../../images/time.png"></image>{{item.time}}</dd>
            </view>
        </dl>
    </view>
</view>
```

代码 CORE0224：index.js

```
Page({
  data: {   // 自定义模拟数据
    imgUrls: [
      {
        url: 'http://120.92.122.253:39001/files/imgUrls(1).png'
      }, {
        url: 'http://120.92.122.253:39001/files/imgUrls(2).png'
      }, {
        url: 'http://120.92.122.253:39001/files/imgUrls(3).png'
      }
    ],
    navlist:[
      {
        text: ' 展馆展厅 ',
        url: 'http://120.92.122.253:39001/files/WX/museum.png',
        path:'../museum/museum',
        type:'switchTab'
```

```
    },
         // 其他项内容与上述结构相同
  ],
  information:[
    {
      name: '【剧透】当提起宋元书画时,我们首先想起哪些作品?',
      time:'2022/09/07 16:42',
      url: 'http://120.92.122.253:39001/files/imgUrls(1).png'
    },
    // 其他项内容与上述结构相同
  ]
},
onLoad(){    // 页面加载
  var that=this
  wx.getSystemInfo({ // 获取屏幕信息
    success: res => {
      that.setData({
        statusBarHeight:res.statusBarHeight,    // 获取状态栏高度
        screenWidth:res.screenWidth-32    // 获取屏幕宽度
      })
    }
  })
},
gosearch:function(){    // 进入搜索界面
  wx.navigateTo({
    url: '../search/search',
  })
},
goinformationdetail:function(e){ // 获取列表项的下标并进入资讯详情界面
  var index = e.currentTarget.dataset.index;
  console.log(index)
  wx.navigateTo({
    url: '../informationdetail/informationdetail?id='+index,
  })
}
})
```

效果如图 2-25 所示。

项目二 微信小程序基础 65

图 2-25 首页

第五步：搜索页面制作，点击头部左侧的搜索图标即可跳转至搜索页面，该页面分为顶部搜索区域、常用搜索词展示区域、内容展示区域。其中，顶部搜索区域通过 input 输入框组件实现，在将其默认样式删除后，通过与搜索图标组合完成搜索区域的设置；常用搜索词展示区域用于推荐一些搜索度较高的内容；内容展示区域则通过列表的方式对文物进行展示，并通过瀑布流的方式将所有数据分为两列并按列的高度进行填充，需要注意的是，当前内容样式与后面的文物列表中基本相同，因此需要放在 app.wxss 中；代码 CORE0225~CORE0227 如下，WXSS 代码需自行定义。

代码 CORE0225：search.json

```json
{
  "navigationBarBackgroundColor": "#7d0101",
  "navigationBarTextStyle": "white",
  "navigationBarTitleText": " 搜索 "
}
```

代码 CORE0226：search.wxml

```
<!-- 搜索区域 -->
<view id="header">
  <view class="search" style="width: {{screenWidth}}px;">
```

```
            <image src="../../images/search.png"></image>
            <input type="text" placeholder=" 请输入要搜索的内容 " style="width: {{screenWidth-96}}px;" confirm-type="search" bindconfirm="getsearch" value="{{value}}" />
            <text bindtap="goback"> 取消 </text>
        </view>
    </view>
    <!-- 常用搜索词展示区域 -->
    <view hidden="{{iscommonsearchlist}}" class="commonsearch" style="width: {{screenWidth}}px;">
        <view wx:for="{{commonsearchlist}}" wx:for-index="indexlist" data-index="{{indexlist}}" bindtap="commonsearch">{{item.title}}</view>
    </view>
    <!-- 文物展示区域 -->
    <view class="container" style="width: {{screenWidth}}px;margin: 0 auto;">
        <view class="picture" style="width: {{screenWidth}}px;">
            <view wx:for="{{antiquelist}}" style="width: {{screenWidth/2-5}}px;" wx:for-index="indexlist" data-index="{{indexlist}}" bindtap="goantiquedetail">
                <view class="item" style="width: {{screenWidth/2-5}}px;">
                    <view style="width: {{screenWidth/2-5}}px;">
                        <image lazy-load mode="widthFix" src="{{ item.url }}" style="width: {{screenWidth/2-5}}px;" />
                    </view>
                    <view class="text-center" style="width: {{screenWidth/2-15}}px;">{{ item.name }}</view>
                </view>
            </view>
        </view>
    </view>
    <view hidden="{{isshow}}" style="width: 150px;height: 150px;position: absolute; z-index: 10000;top: 50%;left: 50%;margin-top: -120px;margin-left: -75px;">
        <image src="http://120.92.122.253:39001/files/disappointment.png" style="width: 150px;height: 150px;"></image>
        <view style="text-align: center; color: #504f4f;"> 未找到相关内容 </view>
    </view>
```

代码 CORE0227：search.js

```
Page({
  data: {
```

```
        commonsearchlist:[
            {title:" 门 "},
            {title:" 乾隆 "},
            // 其他项内容与上述结构相同
        ],
        iscommonsearchlist:false,
        iscategory:true,
        isshow:true,
    },
    onLoad(){ // 加载数据并获取屏幕数据
        var that=this
        wx.getSystemInfo({
            success: res => {
                that.setData({
                    screenWidth:res.screenWidth-40,
                    windowHeight:res.windowHeight
                })
            }
        })
    },
    search(value){ // 搜索内容
        var that=this
        that.setData({
            iscommonsearchlist:true,
            antiquelist:[
                {
                    name:'《寒林楼观图》',
                    url: 'http://120.92.122.253:39001/files/imgUrls(1).png'
                },
                // 其他项内容与上述结构相同
            ],
            iscategory:false
        })
        // 判断搜索数据是否为空
        if(that.data.antiquelist.length>0){ // 不为空则隐藏空内容提示信息
```

```
        that.setData({
          isshow:true
        })
      }else{    // 为空则显示空内容提示信息
        that.setData({
          isshow:false
        })
      }
    },
    getsearch:function(e){    // 点击键盘右下角的搜索按钮
      this.search(e.detail.value)
    },
    commonsearch:function(e){    // 点击常用的搜索名称
      var index = e.currentTarget.dataset.index;
      var value=this.data.commonsearchlist[index].title
      this.setData({
        value:value
      })
      this.search(value)    // 调用搜索方法
    },
    goback:function(){ // 点击取消按钮返回上一页
      wx.navigateBack({
        delta: 0,
      })
    },
    goantiquedetail:function(e){    // 点击列表项获取下标并跳转至详情页
      var index = e.currentTarget.dataset.index;
      wx.navigateTo({
        url: '../antiquedetail/antiquedetail?id='+index,
      })
    },
})
```

效果如图 2-26、图 2-27 和图 2-28 所示。

图 2-26　搜索页面　　　　图 2-27　搜索结果　　　　图 2-28　未搜索到结果

在本项目中,读者通过学习小程序基础知识,对微信小程序配置、框架有所了解,对微信小程序基础组件使用以及事件的定义有所了解并掌握,并能够通过所学的微信小程序基础知识实现首页界面和搜索界面的制作。

position	位置	custom	风俗
view	看法	swiper	挥舞者
order	顺序	progress	进步
navigator	导航器	redirect	重新使用

任务习题

1. 选择题

（1）在 .json 文件中不能配置导航栏的（　　）。
A. 背景颜色　　　　B. 字体颜色　　　　C. 字体大小　　　　D. 文字信息

（2）底部导航页面的数量最多为（　　）个。
A. 3　　　　　　　B. 4　　　　　　　C. 5　　　　　　　D. 6

（3）以下哪个是滚动视图组件（　　）。
A. scroll-view　　　B. swiper　　　　　C. picker　　　　　D. view

（4）小程序的生命周期分为页面生命周期和（　　）。
A. 应用生命周期　　B. 渲染生命周期　　C. 加载生命周期　　D. 卸载生命周期

（5）程序页面的生命周期函数不包含（　　）。
A. onLoad　　　　　B. onLaunch　　　　C. onHide　　　　　D. onShow

2. 简答题

使用微信开发者工具编写符合以下要求的页面。

要求：使用导航栏、底部导航栏、轮播图等知识实现以下效果。

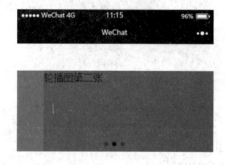

项目三　微信小程序页面渲染

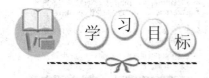

读者通过对微信小程序页面渲染的学习，了解微信小程序高级组件使用，熟悉数据绑定与页面渲染的实现，掌握文件的引用以及样式的设置，具有独立获取数据并在页面进行渲染的能力。

技能目标：
- 熟练掌握表单组件功能及参数；
- 熟练掌握常见的媒体组件功能及参数；
- 熟练掌握地图组件 map 的功能及参数；
- 理解数据绑定、事件的概念；
- 基本读懂小程序代码。

素养目标：
- 理解"数据绑定"的内涵，树立遵纪守法意识；
- 理解模板的内涵，遵守道德规范，具有社会责任感和担当精神；
- 了解国际国内形势，做一个为实现中华民族伟大复兴而努力奋斗的热血青年。

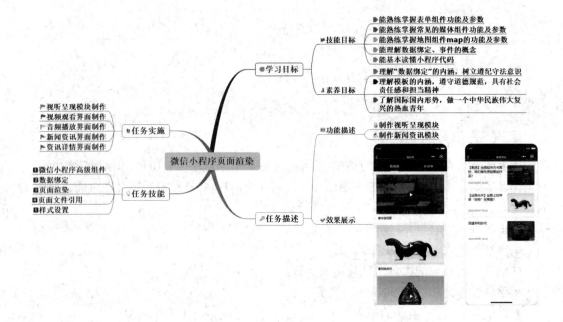

【情境导入】

随着生活节奏的加快，几乎每个年轻人都会受到高强度的工作压力的困扰，长时间处于紧张状态下，没有得到放松的话，人们会出现精神抑郁和焦虑不安，甚至会诱发精神类疾病。因此，不管工作有多忙，不管情绪多不好，都要及时进入休息状态，并且选择适合自己的休息放松方式。为此，经团队讨论，为文物展示微信小程序添加相关的界面，用户可以通过看视频、听故事、刷新闻等方式对文物的相关信息进行了解和学习，并在学习过程中得到放松，从而消除紧张、减轻压力。本项目通过对微信小程序页面渲染与媒体组件等知识的学习，最终完成视听呈现模块和新闻资讯模块制作。

【功能描述】

- 制作视听呈现模块；
- 制作新闻资讯模块。

项目三　微信小程序页面渲染

【效果展示】

通过对本项目的学习,了解小程序相关组件、数据绑定实现、页面渲染以及文件的引用,能够完成视听呈现模块和新闻资讯模块制作,效果如图 3-1 和图 3-2 所示。

图 3-1　视听呈现模块

图 3-2　新闻资讯模块

技能点一　微信小程序高级组件

1. 表单组件

与视图展示组件相比,表单组件同样用于内容的展示,可以实现数据的采集与录入,通常用于用户登录、日期展示、开关切换、提交按钮的设置,常用的表单组件见表 3-1。

表 3-1 常用表单组件

组件	描述
input	单行输入框
button	按钮
radio	单选
checkbox	多选
label	改进表单组件的可用性
textarea	多行输入框
picker	从底部弹起的滚动选择器

1）input

在微信小程序中，input 组件是单组件，主要用于实现单行输入框的制作，可以用于文本或密码的输入，常用属性见表 3-2。

表 3-2 input 组件常用属性

属性	描述
value	输入框的初始内容
type	键盘类型
password	是否为密码类型
placeholder	输入框为空时占位符
placeholder-style	指定 placeholder 样式
disabled	是否禁用
maxlength	最大输入长度
confirm-type	设置键盘右下角按钮的文字，当 type 为 text 时生效，常用属性值如下。 send：发送 search：搜索 next：下一个 go：前往 done：完成
bindinput	键盘输入时触发
bindfocus	输入框聚焦时触发
bindblur	输入框失去焦点时触发
bindconfirm	点击键盘右下角按钮时触发

其中，type 属性可以通过相关参数的设置完成键盘的选择，如文本输入键盘、数字输入键盘等，常用属性值见表 3-3。

表 3-3　type 属性常用属性值

属性值	描述
text	文本输入键盘
number	数字输入键盘
idcard	身份证输入键盘
digit	带小数点的数字键盘
safe-password	密码安全输入键盘
nickname	昵称输入键盘

2）button

button 组件用于实现按钮的制作，可以根据不同属性的设置制作不同效果的按钮，如绿色镂空按钮、名称前带有 loading 图标按钮等，常用属性见表 3-4。

表 3-4　button 组件常用属性

属性	描述
size	按钮的大小，default：默认大小，mini：小尺寸
type	按钮的样式类型，primary：绿色，default：白色，warn：红色
plain	按钮是否镂空，背景色透明
disabled	是否禁用
loading	名称前是否带 loading 图标
open-type	微信开放能力，常用值如下。 Share：触发用户转发 getPhoneNumber：获取用户手机号 getUserInfo：获取用户信息 openSetting：打开授权设置页 chooseAvatar：获取用户头像

3）radio、checkbox

radio 和 checkbox 组件用于实现单选框和复选框的设置，并且在实现单项选择或者多项选择的场景时，可通过 radio-group 和 checkbox-group 组件实现，语法格式如下所示。

```
<!-- 单项选择 -->
<radio-group>
  <radio></radio>
  <radio></radio>
  ......
</radio-group>
<!-- 多项选择 -->
<checkbox-group>
  <checkbox></checkbox>
  <checkbox></checkbox>
  ......
</checkbox-group>
```

其中,radio 和 checkbox 组件常用属性见表 3-5。

表 3-5 radio 和 checkbox 组件常用属性

属性	描述
value	标识
checked	当前是否选中
disabled	是否禁用
color	颜色

4) label

在设置单选框或复选框后,选中状态只能通过点击选中区域才能选择,而点击选中区域旁边的文本则不能实现选择,这时通过 label 组件将单选框或复选框以及文本包裹,即可点击文本实现选中状态,label 组件常用属性见表 3-6。

表 3-6 label 组件常用属性

属性	描述
for	绑定控件的 id

5) textarea

与 HTML5 相同,textarea 组件同样用于多行输入框的设置,通常用于实现大段文字的输入,textarea 组件常用属性见表 3-7。

表 3-7 textarea 组件常用属性

属性	描述
value	输入内容
placeholder	提示内容
placeholder-style	设置提示内容样式
disabled	禁用设置
maxlength	内容限制，可以最多输入的内容
confirm-type	设置键盘右下角按钮的文字，常用属性值如下。 send：发送 search：搜索 next：下一个 go：前往 done：完成 return：换行
confirm-hold	点击键盘右下角按钮时，键盘不隐藏

6）picker

picker 是指在微信小程序中从底部弹起的滚动选择器，主要用来在页面中添加一列或多列选择列表的组件，可用于性别、年龄、日期、时间的选择等领域，在不同的领域拥有不同的类型属性值，根据 picker 组件中的 mode 属性来划分，常用属性见表 3-8。

表 3-8 picker 组件常用属性

属性	描述
mode	属性值为 selector 为普通选择器；属性值为 multiSelector 为多列选择器；属性值为 time 为时间选择器；属性值为 date 为日期选择器；属性值为 region 为省区市选择器
value	选择的内容
bindchange	表示 value 改变时触发的事件，可通过 event.detail.value 获取到 value 的值
disabled	表示是否禁用，禁用后无法弹出选择器
range	表示选择器的列表，可以是 Array 或 Object Array
range-key	当 range 为 Object Array 时，可通过 range-key 选择 picker 中要显示的内容
bindcolumnchange	表示选择器中某一列改变时触发的事件（只用于多列选择器）
start	设置开始时间（用于时间、日期选择器）
end	设置结束时间（用于时间、日期选择器）
custom-item	表示省区市三列每一列的顶部添加一个自定义的项（用于省区市选择器）

使用 picker 组件实现多列选择的效果如图 3-3 所示。

图 3-3 滚动选择器

为了实现图 3-3 所示的效果,代码 CORE0301、CORE0302 如下所示。

代码 CORE0301：picker.wxml
<picker mode='multiSelector' range='{{arr}}' value='{{indexarr}}' bindchange='change' bindcolumnchange='columnchange'> 滚动选择器 </picker>

代码 CORE0302：picker.js

Page({
　data: {
　　arr: [
　　　['a', 'b', 'c', 'd', 'e',], [1, 2, 3, 4, 5], [1, 2, 3, 4, 5]
　　],
　　indexarr: [0, 0, 0],
　}
})

2. 媒体组件

在小程序中,根据媒体类型的不同,常用的媒体组件分为图片组件、音频组件、视频组件。通过这些组件可以很轻易地控制图片、音频和视频在页面上的显示方式以及加载播放的进程。常用的媒体组件见表 3-9。

表 3-9 常用媒体组件

组件	描述
image	图片组件

续表

组件	描述
audio	音频组件
video	视频组件

1）image

在微信小程序项目中，使用 image 组件将图片文件呈现给用户，该组件支持 JPG、PNG、SVG、WEBP、GIF 等格式，给用户提供视觉上的享受。image 组件用来加载（本地、网络）图片，操作图片并进行展示。image 不同于 HTML 中的 img 标签，该组件使用时需要成对出现。image 组件有多种属性对图片进行操作和展示，image 组件常用属性见表 3-10。

表 3-10　image 组件常用属性

属性	描述
src	图片路径
mode	操作图片（裁剪、缩放）
lazy-load	懒加载图片
binderror	发生错误时触发
bindload	图片加载完成时触发

提示：image 组件进行图片展示时，图片高度默认为 300 px，宽度为 225 px。

其中 mode 属性有多个属性值用来对图片进行操作，见表 3-11。

表 3-11　mode 属性值

属性值	描述
scaleToFill	图片不保持比例进行缩放，使图片填满 image 元素
aspectFit	图片保持比例进行缩放，能完整地展示图片，可能出现空白区域不被填充的情况
aspectFill	图片保持比例进行缩放，可以被填满，但图片不一定能完整地显示
widthFix	宽度一定，图片保持比例不变，高度变化
heightFix	高度一定，图片保持比例不变，宽度变化
top	进行裁剪，显示图片的顶部区域
bottom	进行裁剪，显示图片的底部区域
center	进行裁剪，显示图片的中间区域
left	进行裁剪，显示图片的左边区域
right	进行裁剪，显示图片的右边区域
top left	进行裁剪，显示图片的左上角区域
top right	进行裁剪，显示图片的右上角区域

属性值	描述
bottom left	进行裁剪,显示图片的左下角区域
bottom right	进行裁剪,显示图片的右下角区域

使用 image 组件展示图片,效果如图 3-4 所示。

图 3-4　image 组件效果图

为了实现图 3-4 所示的效果,代码 CORE0303 如下所示。

代码 CORE0303:image.wxml
`<image mode="aspectFill" src="./WeChat.png"></image>`

2）audio

audio 组件主要用于音频文件的操作,比如播放、暂停等,它是一个对组件,成对出现。audio 有自己定义的样式,在小程序开发过程中,可以直接使用该标签,不需要进行额外的美化工作,给开发者的开发提供便利,提高效率,audio 组件常用属性见表 3-12。

表 3-12　audio 组件常用属性

属性	描述
id	标识符,通过 id 值获取当前音频
src	音频路径
loop	设置循环,默认为 false
controls	设置显示/隐藏当前控件
poster	音频封面的路径
name	音频名称
author	音频作者名称
binderror	音频播放发生错误时触发
bindplay	音频播放时触发
bindpause	音频暂停时触发

续表

属性	描述
bindtimeupdate	进度条改变时触发
bindended	播放完毕时触发

但在微信小程序 1.6.0 之后不再对 audio 组件进行更新,只能进行音乐的展示、播放、暂停等,而不能对组件功能进行拓展,如需进一步操作音频,请使用 API 对音频文件进行设置。

使用 audio 组件展示音频,效果如图 3-5 所示。

图 3-5 audio 组件

为了实现图 3-5 所示的效果,代码 CORE0304 如下所示。

代码 CORE0304：audio.wxml
<audio poster="http://120.92.122.253:39001/files/actor.jpg" name=" 演员 " author=" 薛之谦 " src="http://120.92.122.253:39001/files/actor.mp3" controls loop></audio>

3）video

video 组件用来控制视频文件的播放暂停,与 HTML 中的 video 元素大体相同,却比 HTML 中的 video 元素的属性多,比如增加弹幕列表、触发事件等,video 组件常用属性见表 3-13。

表 3-13 video 组件常用属性

属性	描述
duration	当前视频的总时长
src	视频路径
controls	设置显示 / 隐藏当前控件
danmu-list	弹幕读取列表,包含 text（弹幕内容）、color（颜色）、time（时间,单位为 s）
danmu-btn	弹幕按钮
enable-danmu	开启 / 关闭弹幕
autoplay	自动播放
loop	循环播放

续表

属性	描述
muted	静音播放
objectFit	当视频大小与 video 容器大小不一致时，视频的表现形式。contain：包含，fill：填充，cover：覆盖
poster	视频封面的图片路径
play-btn-position	播放按钮位置，center：视频中间，bottom：控制栏上
show-casting-button	显示投屏按钮
enable-auto-rotation	是否开启手机横屏时自动全屏，当系统设置开启自动旋转时生效
bindplay	视频开始时触发的事件
bindpause	视频暂停时触发的事件
bindended	视频结束时触发的事件
bindtimeupdate	进度条发生改变触发的事件
bindfullscreenchange	全屏切换时触发的事件

提示：video 组件高度默认为 300 px，宽度为 225 px，可自己进行设置。

使用 video 组件展示视频，效果如图 3-6 所示。

图 3-6　audio 组件效果图

为了实现图 3-6 所示的效果，代码 CORE0305、CORE0306 如下所示。

代码 CORE0305：video.wxml

```
<view>
    <video id="myvideo" src="http://120.92.122.253:39001/files/mom.mp4"danmu-list="{{danmuList}}" enable-danmu danmu-btn controls></video>
</view>
```

代码 CORE0306：video.js

```
Page({
  data: {
    danmuList: [
      {
        text: ' 第 1 s 出现的弹幕 ',
        color: '#ff0000',
        time: 1
      },
      {
        text: ' 第 3 s 出现的弹幕 ',
        color: '#ff00ff',
        time: 3
      }]
  }
})
```

3. 地图组件

地图组件，即 map 组件，是一个容器组件，可以将位置信息标注在地图上并显示，在小程序中使用 map 组件只需要填入属性以及对应的属性值就可以实现地图的展示。map 组件有多种属性来进行地图的展示，map 组件常用属性见表 3-14。

表 3-14 map 组件常用属性

属性	描述
longitude	经度
latitude	纬度
scale	缩放（等级：3~20）
markers	标记点
polyline	路线
circles	圆
controls	控件
include-points	缩放显示所有坐标点
show-location	带有方向的定位点
rotate	旋转角度，范围 0~360°
skew	倾斜角度，范围 0~40°
show-compass	显示指南针
enable-overlooking	开启俯视

续表

属性	描述
enable-rotate	是否支持旋转
enable-satellite	是否开启卫星图
enable-traffic	是否开启实时路况
enable-building	是否展示建筑物
bindtap	地图被点击时触发函数
bindmarkertap	标记点被点击时触发函数
bindcallouttap	标记点对应的气泡被点击时触发函数
bindcontroltap	控件被点击时触发函数
bindregionchange	当前视野发生变化时触发函数

其中，markers 的标记点可以在地图上进行位置的提醒，markers 包含的常用属性见表 3-15。

表 3-15　markers 标记点常用属性

属性	描述
longitude	经度
latitude	纬度
id	标记点 id
title	标记点名称
zIndex	显示层级
iconPath	标记点的图标样式
rotate	旋转角度
alpha	透明度（默认为 1）
width	标注图标宽度
height	标注图标高度
callout	标记点的气泡窗口
label	标记点标签
anchor	标记点锚点，默认为底边中点

标记点中的气泡窗口（callout）包含属性见表 3-16。

表 3-16 markers 标记点气泡窗口属性

属性	描述
content	文本内容
color	文本颜色
fontSize	文本文字大小
borderRadius	圆角
borderWidth	边框宽度
borderColor	边框颜色
bgColor	背景颜色
padding	填充区，可以边缘空出区域
display	显示，byclick：点击显示，会消失；always：一直显示，不会消失
textAlign	文本对齐方式，left：靠左，right：靠右，center：居中

polyline 用于坐标点之间的连接，包含属性见表 3-17。

表 3-17 map 组件 polyline 属性

属性	描述
points	坐标点的经纬度（数组形式）
color	连接线的颜色
width	连接线的宽度
dottedLine	设置虚线（默认为 false）
arrowLine	设置指向线（带箭头，默认为 false）
borderColor	连接线边框的颜色
borderWidth	连接线的厚度

使用 map 组件实现地图位置展示，代码 CORE0307、CORE0308 如下所示。

代码 CORE0307：map.wxml

```
<view>
<map id="map" longitude="117.228290721" latitude="39.1247412403" scale="14" markers="{{markers}}" polyline="{{polyline}}" show-location style="width: 100%; height: 1250rpx;"></map>
</view>
```

代码 CORE0308：map.js

```js
Page({
  data: {
    markers: [{
      // 设置标记点
      iconPath: "./location_fill.png",
      id: 0,
      latitude: 39.1247412403,
      longitude: 117.228290721,
      width: 30,
      height: 30
    },{
      iconPath: "./location_fill (1).png",
      id: 2,
      latitude: 39.1147912443,
      longitude: 117.2219927421,
      width: 30,
      height: 30
    }],
    polyline: [{
      // 设置标记点连接线
      points: [{
        longitude: 117.228290721,
        latitude: 39.1247412403
      },{
        longitude: 117.2219927421,
        latitude: 39.1147912443
      }],
      color: "#112ee0",
      width: 3
    }]
  }
})
```

技能点二　数据绑定

对于前端开发人员来说，使用 JavaScript 进行数据绑定是通过 DOM 操作连接视图与对象实现的，而微信小程序则不同，为了减小代码的冗余程度和操作的不便，通过单向数据流的状态模式直接实现了从对象到视图的更新，从而不需要手动管理对象和视图的一致性。图 3-7 展示了传统数据绑定与小程序数据绑定的区别。

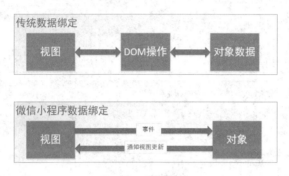

图 3-7　数据绑定

数据绑定的方法是使用 Mustache 语法（双大括号）将变量包起来，变量来源于对应的 js 中的 data 里面的数据。变量可以是组件中的内容，也可以是组件属性或者运算，使用数据绑定实现效果如图 3-8 所示。

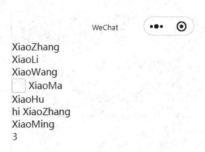

图 3-8　使用数据绑定效果图

为了实现图 3-8 所示的效果，代码 CORE0309、CORE0310 如下所示。

```
代码 CORE0309：data.wxml
<!-- 内容 -->
<view>{{name}}</view>
<!-- 组件属性 -->
<view id='item-{{id}}' class='{{className}}'>XiaoLi</view>
<!-- 控制属性 -->
```

代码 CORE0309：data.wxml

```
<view wx:if="{{condition}}">XiaoWang</view>
<!-- 关键字 -->
<checkbox checked="{{false}}">XiaoMa</checkbox>
<!-- 三元运算 -->
<view hidden='{{show?true:false}}'>XiaoHu</view>
<!-- 字符串运算 -->
<view>{{'hi'+' '+name}}</view>
<!-- 数据路径运算 -->
<view>{{obj.attr1}}</view>
<!-- 算数运算 -->
<view>{{a+b}}</view>
```

代码 CORE0310：data.js

```
Page({
    data: {
        name:'XiaoZhang',
        id:'1',
        className:'hi',
        condition: true,
        false:true,
        show:false,
        obj:{attr1:'XiaoMing',attr2:'XiaoHua'},
        a:1,
        b:2
    }
})
```

技能点三　页面渲染

1. 列表渲染

目前，微信小程序中若要实现类似于 HTML 中 li 标签的列表效果，可以在组件上使用 wx:for 控制属性对列表进行渲染，双大括号中绑定的是一个数组，数值中每一项的下标默认为 index，数组的每一项默认认为 item。在项目开发过程中，wx:for 有两种使用方式，第一种是直接使用，语法格式如下所示。

```
<view wx:for='{{arr}}'>
  {{index}}:{{item}}
</view>
```

第二种是通过 wx:for-item 指定数组当前元素的变量名，wx:for-index 指定数组当前下标的变量名，语法格式如下所示。

```
<view wx:for='{{arr}}' wx:for-item='it' wx:for-index='in'>
  {{in}}:{{it}}
</view>
```

使用 wx:for 进行列表渲染，效果如图 3-9 所示。

图 3-9　渲染效果图

为了实现图 3-9 所示的效果，代码 CORE0311、CORE0312 如下所示。

代码 CORE0311：wxfor.wxml

```
<view wx:for='{{arr}}' wx:for-item="item" wx:for-index="index">
{{index}}:{{item}}
</view>
```

代码 CORE0312：wxfor.js

```
Page({
  data: {
    arr:[
      'name1','name2','name3','name4','name5'
    ]
  }
})
```

但列表中项目的位置会动态改变，或者有新的项目添加到列表中时，如果想保持自身的特征和状态（如 input 标签中的输入内容、checkbox 标签的选中状态、switch 标签的选中状态等），而不受项目位置变动的影响，可以添加 wx:key 属性来指定列表中项目的唯一的标识符。目前，wx:key 的值以两种形式提供，第一种是字符串形式，语法格式如下所示。

```
<view wx:for='{{arr}}' wx:key='name'>
```

其中，name 表示 arr 中每一项的一个属性，该属性的值需要是列表中唯一的字符串或数字，且不能动态改变。

第二种是 *this，语法格式如下所示。

```
<view wx:for='{{arr2}}' wx:key='*this'>
```

其中，*this 代表在 for 循环中的 item 本身，需要 item 本身是一个唯一的字符串或者数字。

使用 wx:key 实现列表项位置切换后多选框的跟随效果，如图 3-10 所示。

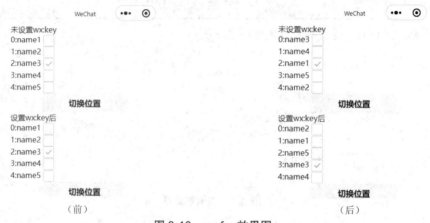

图 3-10 wx:for 效果图

为了实现图 3-10 所示的效果，代码 CORE0313、CORE0314 如下所示。

```
代码 CORE0313：wxkey.wxml
<!-- 无 wx:key 属性 -->
<view> 未设置 wx:key</view>
<view wx:for='{{arr}}' wx:for-index="index" wx:for-item="item">
  {{index}}:{{item}}
  <checkbox></checkbox>
</view>
<button bindtap='exchange'> 切换位置 </button>
<!-- 设置 wx:key 为 *this'-->
<view> 设置 wx:key 后 </view>
<view wx:for='{{arr2}}' wx:for-index="index" wx:for-item="item" wx:key='*this'>
  {{index}}:{{item}}
  <checkbox></checkbox>
</view>
<button bindtap='exchange2'> 切换位置 </button>
```

代码 CORE0314：wxkey.js

```js
Page({
  data: {
    arr: [
      'name1', 'name2', 'name3', 'name4', 'name5'
    ],
    arr2: [
      'name1', 'name2', 'name3', 'name4', 'name5'
    ]
  },
  exchange: function (e) {
    var num = Math.floor(Math.random() * this.data.arr.length);
    var num2 = Math.floor(Math.random() * this.data.arr.length);
    var temp = this.data.arr[num];
    // 从数组中随机选取一项
    this.data.arr[num] = this.data.arr[num2];
    this.data.arr[num2] = temp;
    // 在数组中随机选取一项，并将两项调换位置
    this.setData({ arr: this.data.arr })
    // 调换位置后的新数组替换原来的数组
  },
  exchange2: function (e) {
    var num = Math.floor(Math.random() * this.data.arr2.length);
    var num2 = Math.floor(Math.random() * this.data.arr2.length);
    var temp = this.data.arr2[num];
    this.data.arr2[num] = this.data.arr2[num2];
    this.data.arr2[num2] = temp;
    this.setData({ arr2: this.data.arr2 })
  }
})
```

2. 条件渲染

在微信小程序中使用 wx:if 来决定是否渲染某个组件，若要渲染多个组件，可以使用一个标签将这些组件包裹起来并在这个标签上使用 wx:if，双大括号中的值为 true 时表示组件会被渲染，反之则不会，语法格式如下所示。

```
<view wx:if='{{true/false}}'></view>
```

另外，还可以通过 wx:elif 和 wx:else 实现多条件的渲染，语法格式如下所示。

```
<view wx:if='{{ 条件表达式 }}'></view>
<view wx:elif='{{ 条件表达式 }}'></view>
<view wx:else></view>
```

使用 wx:if 实现条件渲染,效果如图 3-11 所示。

图 3-11　wx:if 效果图

为了实现图 3-11 所示的效果,代码 CORE0315、CORE0316 如下所示。

代码 CORE0315：index.wxml

```
<!-- 关于 wx:if、wx:elif、wx:else 的使用 -->
<view wx:if="{{num > 5}}"> 我是大于 5 的数 </view>
<view wx:elif="{{num > 2}}"> 我是 2~5 之间的数 </view>
<view wx:else> 我是小于 2 的数 </view>
<!-- wx:if 作用于代码块 -->
<view wx:if="{{condition}}">
<!-- condition 为 true 时表示渲染该代码块,否则不渲染 -->
  <view> 我被渲染了 </view>
  <view> 我被渲染了 </view>
</view>
<view wx:if="{{!condition}}">
  <view> 我没被渲染 </view>
  <view> 我没被渲染 </view>
</view>
```

代码 CORE0316：index.js

```
Page({
  data: {
   num: 3,
    condition:true
   }
})
```

技能点四　页面文件引用

1. 模板

模板相当于一段自己定义的代码片段,能够在不同地方对其进行调用。在微信小程序中,可以通过 template 标签将代码片段包裹起来,并在 template 标签上添加 name 属性实现模板的定义,语法格式如下所示。

```
<template name="msgItem">
    <!-- 代码块 -->
</template>
```

模板的调用是通过 template 标签结合 is 属性实现的,其中 is 属性的值为相对应的模板的 name 的值,使用模板的时候如果需要传入数据就要在 template 标签上添加 data 属性,语法格式如下所示。

```
<template is="msgItem" data="{{...item}}"/></template>
```

需要注意的是,调用后模板的内容不能被修改,只能使用 data 传入的数据。并且,在同一文件下可以直接使用模板。

使用 template 标签定义 name 为 article 的模板并在当前页面进行调用,效果如图 3-12 所示。

标题：hello
内容：nihao
我是模板之外的内容

图 3-12　模板效果图

为了实现图 3-12 所示的效果,代码 CORE0317 如下所示。

```
代码 CORE0317：template.wxml
<!-- 这是模板 -->
<template name='artical'>
  <view> 标题: {{title}}</view>
  <text> 内容: {{content}}</text>
</template>
<!-- 使用模板并添加数据 -->
<template is='artical' data='{{title:"hello",content:"nihao"}}'></template>
<view> 我是模板之外的内容 </view>
```

2. import 与 include

模板在同一文件中可以直接调用,但在不同文件之间实现模板的使用则需使用 import,

其通过 import 加载目标文件后，即可通过 template 标签结合 is 属性调用模板，语法格式如下所示。

```
<import src=" 目标 WXML 文件路径 "/>
<template is="msgItem" data="{{...item}}"/></template>
```

但需要注意的是 import 不能跨文件引入模板，也就是说，B 文件中引入了 A 文件的模板，而 C 文件中引入了 B 文件的模板，这时，如果在 C 文件中调用 A 文件的模板则会出现错误。

使用 import 实现上述 template.wxml 中定义模板的调用，效果如图 3-13 所示。

图 3-13　模板效果图

为了实现图 3-13 所示的效果，代码 CORE0318 如下所示。

```
代码 CORE0318：import.wxml
<!-- 加载 template.wxml 文件 -->
<import src='../template/template.wxml' />
<!-- 使用模板并添加数据 -->
<template is='artical' data='{{title:"import",content:" 模板在同一文件中可以直接调用，但在不同文件之间实现模板的使用则需使用 import"}}'></template>
```

相比于 import 标签只能加载模板内容，include 标签可以加载除模板定义内容之外的整个代码内容（包括模板被调用后内容），语法格式如下所示。

```
<include src=" 目标 WXML 文件路径 "/>
```

使用 include 实现上述 import.wxml 中模板之外内容的加载，效果如图 3-14 所示。

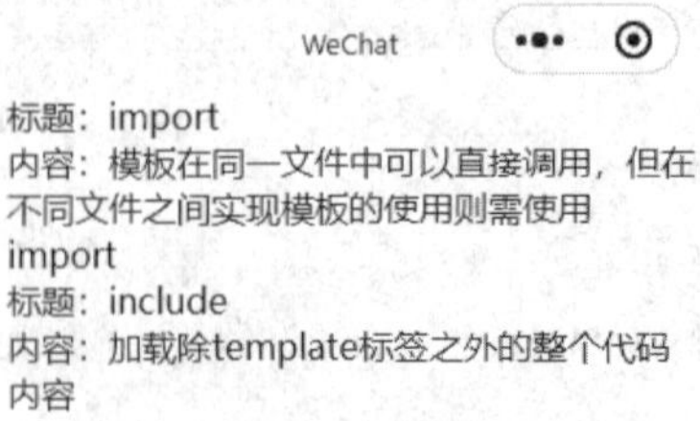

图 3-14　模板效果图

为了实现图 3-14 所示的效果，代码 CORE0319 如下所示。

代码 CORE0319：include.wxml

<include src="../import/import.wxml"/>
<!-- 使用模板并添加数据 -->
<template is='artical' data='{{title:"include",content:" 加载除 template 标签之外的整个代码内容 "}}'></template>

技能点五　样式设置

1. 尺寸单位

相对于 HTML 中 CSS 的尺寸单位（px、rem），微信小程序为了适应开发人员，在 CSS 尺寸单位的基础上扩充了新的尺寸单位 rpx，使用 rpx 可以进行屏幕宽度的自适应，同时，微信小程序也支持 CSS 原有的尺寸单位，屏幕宽度默认为 750 rpx；rpx 在不同设备上的比例见表 3-18。

表 3-18　rpx 在不同设备上的比例

设备	换算成 px
iPhone5	1 rpx=0.42 px
iPhone6	1 rpx=0.5 px
iPhone6 Plus	1 rpx=0.552 px

建议：进行微信小程序开发或设计时尽量使用 iphone6 作参考。

使用 rpx 对标签尺寸进行设置，效果如图 3-15 所示。

图 3-15　rpx 使用

为了实现图 3-15 所示的效果，代码 CORE0320 如下所示。

代码 CORE0320：rpx.wxml

```
<view style='width:200rpx;height:200rpx;background:red;'>
我是正方形 ( 宽高 : 200 rpx)
</view>
<view style='height:200rpx;background:blue;'>
我是自适应长方形 ( 高 : 200 rpx)
</view>
```

2. 导入样式

微信小程序导入 WXSS 样式文件的方式与 HTML 中 CSS 外联样式的导入有很大不同，CSS 导入需要使用 link 标签或者使用 @import url(路径) 在页面中进行导入，而 WXSS 样式只能通过 "@import " 路径 ";" 在 WXSS 文件中进行导入，WXSS 样式导入效果如图 3-16 所示。

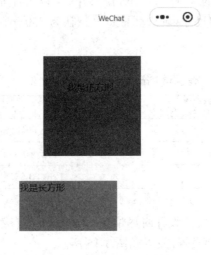

图 3-16　WXSS 样式导入

为了实现图 3-16 所示的效果，代码 CORE0321、CORE0322、CORE0323 如下所示。

代码 CORE0321：wxss.wxml

```
<view class='square'> 我是正方形 </view>
<view class='rectangle'> 我是长方形 </view>
```

代码 CORE0322：wxss.wxss

```
@import "lead.wxss"
```

代码 CORE0323：load.wxss

```
.square{
    width:200rpx;
```

代码 CORE0323：load.wxss

```
    height:200rpx;
    background:blue;
    padding: 100rpx;
    margin: 100rpx;
}
.rectangle{
    width:400rpx;
    height:200rpx;
    background:red;
}
```

3. 选择器

要想对元素的样式进行一些修饰，首先需要找到该目标元素，在 WXSS 中，执行这一任务的样式规格部分被称为选择器。与 CSS 相比，WXSS 只能支持部分选择器，WXSS 支持的选择器见表 3-19。

表 3-19 WXSS 支持的选择器

选择器	描述
class	类选择器，可以多次使用，使用方法：.class{ }
id	id 选择器，不可以重复，使用方法：#id{ }
element	标签选择器，使用方式：标签 { }
Element,element	群组选择器，使用方式：标签，标签 { }
::after	在元素之后插入
::before	在元素之前插入

使用不同选择器进行样式的设置，效果如图 3-17 所示。

图 3-17 选择器使用

为了实现图 3-17 所示的效果，代码 CORE0324、CORE0325 如下所示。

代码 CORE0324：selector.wxml

```
<view class='classes'>class</view>
<view class='classes'>class</view>
<view id='id'>id</view>
<text>text</text>
<button>after</button>
```

代码 CORE0325：selector.wxss

```
.classes{
    width: 100rpx;
    height: 100rpx;
    background: red;
    margin: 50rpx;
}
#id{
    width: 100rpx;
    height: 100rpx;
    background: blue;
    margin: 50rpx;
}
text{
    width: 100rpx;
    height: 100rpx;
    background: yellow;
    display: block;
    margin: 50rpx;
}
text::after{
    content: " 之后 ";
}
button::before{
    content: " 之前 ";
}
```

通过上面的学习,读者可以了解微信小程序的页面渲染的相关知识,包括组件、数据绑定、页面渲染、文件引用、样式设置等,通过以下几个步骤,完成"古物图鉴"项目首页视听呈现模块和新闻资讯模块制作。

第一步:视听呈现模块制作

在首页界面中部导航栏中,点击视听呈现即可进入视听馆界面,该界面主要由两部分组成,分别是分类选项卡和内容展示区域。其中,分类选项卡包含看视频和听故事两项,当切换选项卡时,选项卡下方的标记会左右移动;而选项卡下方的内容展示区域由于需要左右切换内容,因此通过轮播组件(swiper)制作,且为了使内容不相互干扰,设置该区域的高度,使整体内容不超出屏幕。代码 CORE0326~CORE0328 如下所示,WXSS 代码需自行定义。

代码 CORE0326:audiovisual.json

```
{
    "navigationBarBackgroundColor": "#7d0101",
    "navigationBarTextStyle": "white",
    "navigationBarTitleText": " 视听馆 "
}
```

代码 CORE0327:audiovisual.wxml

```
<!-- 选项卡 -->
<view id="category">
    <view style="width: {{screenWidth/2}}px;" bindtap="go"> 看视频 </view>
    <view style="width: {{screenWidth/2}}px;" bindtap="goback"> 听故事 </view>
    <text style="left: {{(((screenWidth+40)/2-30)/2+5}}px;" animation="{{animationData}}"></text>
</view>
<!-- 内容展示 -->
<swiper class="content" current="{{index}}" bindchange="change" style="height: {{windowHeight-50}}px;">
    <!-- 视频展示 -->
    <swiper-item>
        <view style="width: {{screenWidth}}px;margin: 0 auto;height:{{windowHeight-66}}px;;overflow-x: auto;padding-bottom: 16px;">
            <view class="videolist" wx:for="{{videolist}}" wx:for-index="indexlist" data-index="{{indexlist}}" bindtap="govideo">
                <view class="pic">
```

```
            <image src="{{item.url}}" mode="widthFix"></image>
            <view>
                <image src="../../images/play-one.png"></image>
                <text></text>
            </view>
          </view>
          <text class="videoname">{{item.name}}</text>
       </view>
    </view>
</swiper-item>
<!-- 音频展示 -->
<swiper-item>
    <view style="width: {{screenWidth}}px;margin: 0 auto;height:{{windowHeight-50}}px;;overflow-x: auto;">
       <view class="audiolist" wx:for="{{audiolist}}" style="width: {{screenWidth/3-10}}px;" wx:for-index="indexlist" data-index="{{indexlist}}" bindtap="goaudio">
          <view class="pic" style="width: {{screenWidth/3-10}}px;height: {{screenWidth/3-10}}px;">
             <image src="{{item.url}}" style="width: {{screenWidth/3-10}}px;height: {{screenWidth/3-10}}px;"></image>
             <view>
                <image src="../../images/headset.png"></image>
                <text></text>
             </view>
          </view>
          <text class="audioname">{{item.name}}</text>
       </view>
    </view>
</swiper-item>
</swiper>
```

代码 CORE0328:audiovisual.js

```
Page({
data: {   // 自定义数据
    animationData: {},
    index: 0,
    videolist:[
        {
```

```
          name:'《寒林楼观图》',
          url: 'http://120.92.122.253:39001/files/imgUrls(1).png'
        },
        // 其他项内容与上述结构相同
      ],
      audiolist:[
        {
          name:'《寒林楼观图》',
          url: 'http://120.92.122.253:39001/files/imgUrls(1).png'
        },
        // 其他项内容与上述结构相同
      ]
  },
  onLoad(){
    var that=this
    wx.getSystemInfo({   // 获取屏幕数据
      success: res => {
        that.setData({
          statusBarHeight:res.statusBarHeight,
          screenWidth:res.screenWidth-28,
          windowHeight:res.windowHeight
        })
      }
    })
  },
  goanimation(){   // 标记动画
    var animation = wx.createAnimation({ // 创建动画实例
      duration: 300, // 动画时间
      timingFunction: 'ease',// 动画效果
    })
    animation.translate(0).step({ duration: 300 }) // 移动
    this.setData({
      animationData:animation.export(),   // 导出动画队列并执行
    })
  },
  gobackanimation(){
```

```
        var animation = wx.createAnimation({
            duration: 300,
            timingFunction: 'ease',
        })
        animation.translate(this.data.screenWidth/2).step({ duration: 300 })
        this.setData({
            animationData:animation.export()
        })
    },
    go:function(){     // 点击看视频触发
        this.goanimation()      // 调用动画函数，触发动画效果
        this.setData({
            index:0
        })
    },
    goback:function(){
        this.gobackanimation()
        this.setData({
            index:1
        })
    },
    change:function(e){ // 看视频和听故事两部分切换，判断当前正在展示部分的下标
        if(e.detail.current==1){
            this.goback()
        }
        if(e.detail.current==0){
            this.go()
        }
    },
    govideo:function(e){// 点击指定视频时触发，获取视频的下标并跳转至视频播放界面
        var index = e.currentTarget.dataset.index;
        wx.navigateTo({
            url: '../video/video?id='+index,
        })
    },
```

```
goaudio:function(e){// 点击指定音频时触发,获取音频的下标并跳转至音频播放界
面
    var index = e.currentTarget.dataset.index;
    console.log(index)
    wx.navigateTo({
        url: '../audio/audio?id='+index,
    })
},
})
```

效果如图 3-18 和图 3-19 所示。

图 3-18　看视频

图 3-19　听故事

第二步:视频观看界面制作

当点击看视频部分的指定视频时,即可跳转至视频观看界面实现视频的播放,视频观看界面需将默认头部导航栏隐藏,并自定义返回上一页的按钮后,最后使用 video 组件展示视频后将视频在屏幕中间播放,代码 CORE0329~CORE0331 如下所示,WXSS 代码需自行定义。

代码 CORE0329：video.json

```json
{
  "navigationStyle": "custom"
}
```

代码 CORE0330：video.wxml

```
<image src="../../images/left.png" class="back" style="top: {{statusBarHeight+10}}px;" bindtap="goback"></image>
<video src="{{video.videourl}}" show-center-play-btn="true" poster="{{video.url}}" autoplay="true" play-btn-position="center" style="width: 100%;height: {{windowHeight}}px;"></video>
```

代码 CORE0331：video.js

```js
Page({
  data: {
    video: {
      url: 'http://120.92.122.253:39001/files/imgUrls(2).png',
      videourl:'http://120.92.122.253:39001/files/Tigeramulet.mp4',
    }
  },
  onLoad(option){
    console.log(option.id)    // 获取上一页传递过来的 id 值
    var that=this
    wx.getSystemInfo({    // 获取屏幕数据
      success: res => {
        that.setData({
          windowHeight:res.windowHeight,
          statusBarHeight:res.statusBarHeight
        })
      }
    })
  },
  goback:function(){ // 返回上一页
    wx.navigateBack({
      delta: 0,
    })
  }
})
```

效果如图 3-20 所示。

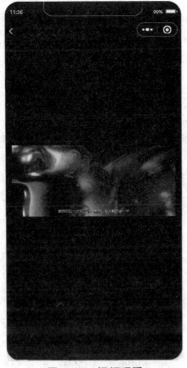

图 3-20　视频观看

第三步：音频播放界面制作

当点击听故事部分的指定音频时跳转至音频播放界面，在音频播放界面包含故事的海报图、故事名称、内容概述以及音频列表。其中，海报图以及故事名称并列展示，海报图在左边并设有圆角，右侧的名称则以垂直居中的方式存在；内容概述部分则用于对当前的故事进行简介，只需对文本的字体大小以及间距进行设置即可；最后，音频列表部分则以列表的形式展示音频，包括按钮和音频名称，按钮需要设置其大小和位置，当按钮为播放状态时，需要在 WXSS 中设置动画使其出现转动效果，音频名称则需要设置其大小和行高；代码 CORE0332~CORE0334 如下所示，WXSS 代码需自行定义。

代码 CORE0332：audio.json

```
{
    "navigationBarBackgroundColor": "#7d0101",
    "navigationBarTextStyle": "white"
}
```

代码 CORE0333：audio.wxml

```
<view id="content" style="width: {{screenWidth}}px;">
  <view>
        <image src="../../images/imgUrls(2).png"></image>
        <text style="width: {{screenWidth-140}}px;"> 秦阳陵虎符 </text>
  </view>
</view>
<view id="introduction" style="width: {{screenWidth}}px;">
    <view class="title"> 内容概述 </view>
    <text> 阳陵虎符，秦代青铜器，是秦始皇颁发给阳陵守将使用的兵符，呈卧虎状，可中分为二，虎的左、右颈背各有相同的错金篆书铭文 12 字："甲兵之符，右在皇帝，左在阳陵。"由于年代久远，对合处已经锈死，不能分开。 </text>
</view>
<view id="audio" style="width: {{screenWidth}}px;">
    <view class="title"> 音频列表 </view>
    <view class="audiolist" wx:for="{{audiolist}}" wx:for-index="indexlist" data-index="{{indexlist}}" bindtap="goplay">
        <image hidden="{{item.isshow}}" src="../../images/audioplay.png"></image>
        <image class="pause" hidden="{{!item.isshow}}" src="../../images/audiopause.png"></image>
        <text>{{item.name}}</text>
    </view>
</view>
```

代码 CORE0334：audio.js

```
// 初始化音频对象
const innerAudioContext = wx.createInnerAudioContext({
    useWebAudioImplement: false
})
Page({
    data: { // 自定义数据
        audiolist:[
            {
                name:"《寒林楼观图》",
                url:"http://120.92.122.253:39001/files/Tigeramulet.mp3"
            },
            // 其他项内容与上述结构相同
        ],
```

```
    },
    onLoad(options) {
        var that=this
        wx.getSystemInfo({ // 获取屏幕数据
            success: res => {
                that.setData({
                    screenWidth:res.screenWidth-32
                })
            }
        })
        for(var i=0;i<that.data.audiolist.length;i++){ // 循环判断设置暂停按钮隐藏
            that.data.audiolist[i].isshow=false
        }
        that.setData({
            audiolist:that.data.audiolist
        })
    },
    goplay:function(e){ // 播放音频
        var index=e.currentTarget.dataset.index    // 获取音频的下标
        // 判断按钮当前处于哪种状态
        if(this.data.audiolist[index].isshow==false){ // 显示暂停按钮
            this.data.audiolist[index].isshow=true // 更改按钮状态
            this.setData({
                audiolist:this.data.audiolist
            })
            innerAudioContext.src = this.data.audiolist[index].url;   // 获取音频
            innerAudioContext.play() // 播放音频
        }else{
            this.data.audiolist[index].isshow=false    // 更改按钮状态
            this.setData({
                audiolist:this.data.audiolist
            })
            innerAudioContext.pause()    // 暂停音频
        }
    }
})
```

效果如图 3-21 所示。

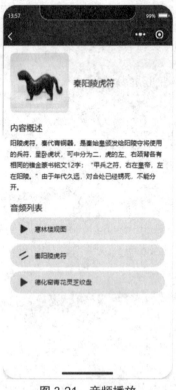

图 3-21 音频播放

第四步：新闻资讯界面制作

可通过点击首页界面中部导航栏中的新闻资讯或者通过精彩推荐标题的更多按钮完成新闻资讯界面的跳转，在该界面中主要包含了多个新闻资讯内容，包括资讯的名称、发布时间、资讯图片等，与首页界面中的精彩推荐列表不同的是，新闻资讯界面中的资讯图片在右侧，并且大小也不同，代码 CORE0335~CORE0337 如下所示，WXSS 代码需自行定义。

代码 CORE0335：information.json

```
{
  "navigationBarBackgroundColor": "#7d0101",
  "navigationBarTextStyle": "white",
  "navigationBarTitleText": " 新闻资讯 "
}
```

代码 CORE0336：information.wxml

```
<dl style="width: {{screenWidth}}px;" wx:for="{{information}}" wx:for-index="index-list" data-index="{{indexlist}}" bindtap="goinformationdetail">
    <view style="width: {{screenWidth-155}}px;">
        <dd class="name">{{item.name}}</dd>
        <dd class="time">{{item.time}}</dd>
```

```
        </view>
        <dt>
            <image src="{{item.url}}"></image>
        </dt>
</dl>
```

代码 CORE0337：information.js

```
Page({
    data: { // 自定义数据
        information:[
            {
                name: '【剧透】当提起宋元书画时，我们首先想起哪些作品？',
                time:'2022/09/07 16:42',
                url: 'http://120.92.122.253:39001/files/imgUrls(1).png'
            },
            // 其他项内容与上述结构相同
        ],
    },
    onLoad(){
        var that=this
        wx.getSystemInfo({ // 获取屏幕数据
            success: res => {
                that.setData({
                    screenWidth:res.screenWidth-32
                })
            }
        })
    },
    goinformationdetail:function(e){    // 点击列表进行跳转
        var index = e.currentTarget.dataset.index;    // 获取列表项的下标
        wx.navigateTo({   // 跳转至资讯详情页面并传输数据
            url: '../informationdetail/informationdetail?id='+index,
        })
    },
})
```

效果如图 3-22 所示。

图 3-22　新闻资讯

第五步：资讯详情界面制作

资讯详情界面需通过点击新闻资讯列表进入，在该界面只需通过 rich-text 组件将设计好的包含新闻资讯详情的富文本渲染后并展示在当前界面即可，代码 CORE0338~CORE0340 如下所示，WXSS 代码需自行定义。

代码 CORE0338：informationdetail.json

```json
{
    "navigationBarBackgroundColor": "#7d0101",
    "navigationBarTextStyle": "white",
    "navigationBarTitleText": " 资讯详情 "
}
```

代码 CORE0339：informationdetail.wxml

```
<view style="width: {{screenWidth}}px;padding: 25px 16px;">
    <rich-text nodes="{{htmlSnip}}"></rich-text>
</view>
```

代码 CORE0340：informationdetail.js

```
Page({
  data: {
    htmlSnip:`<p style="line-height:2; text-align:center;"><font face=" 微软雅黑 " size="5"> 郑和铜钟 </font></p><hr style="text-align:center;"><p style="line-height:2; text-align:justify;"><img src="http://120.92.122.253:39001/files/imgUrls(5).png" style="-max-width:100%;" contenteditable="false" width="100%"></p><p style="line-height:2; text-align:justify;"><font size="4" face=" 微软雅黑 "></font></p><p style="line-height:2; text-align:justify;"><font size="4" face=" 微软雅黑 "> 郑和（1371—1435），明朝航海家，本姓马，小字三保，昆阳（云南晋宁）人，回族，明初入宫为宦官，侍奉燕王府，后升内官监太监，时称三宝太监。明成祖朱棣即位，谋与四邻通好，以广交流，遂于永乐三年（1405 年）遣郑和率舟师通使"西洋"。郑和前后 7 次奉使，历时 28 年，先后到达东南亚、印度半岛、阿拉伯地区、东非的 30 多个国家，促进了中国与各国的经济、文化交流，创造了世界航海史上的空前壮举。</font></p><br><p style="line-height:2; text-align:justify;"><font size="4" face=" 微软雅黑 "> 明宣德六年（1431 年），郑和 60 岁，复命郑和第七次出使"西洋"。郑和铜钟又称三清宝殿铜钟，为祈求风调雨顺，国泰民安，航行顺利，远洋成功，受命下"西洋"的延平人王景弘与郑和商议在延平铸铜钟一口。</font></p><p style="line-height:2; text-align:justify;"><font size="4" face=" 微软雅黑 "></font></p><p style="line-height:2; text-align:justify;"><img src="http://120.92.122.253:39001/files/imgUrls(4).png" style="-max-width:100%;" contenteditable="false" width="100%"></p>`
  },
  onLoad(option){
    console.log(option.id)   // 获取上一界面携带的 id
    var that=this
    wx.getSystemInfo({ // 获取屏幕数据
      success: res => {
        that.setData({
          screenWidth:res.screenWidth-32
        })
      }
    })
  }
})
```

效果如图 3-23 所示。

图 3-23　资讯详情

在本项目中，读者通过学习微信小程序页面渲染的相关知识，对小程序组件的使用有所了解，对小程序数据绑定、页面渲染以及页面文件引用的实现有所了解并掌握，并能够通过所学的微信小程序页面渲染知识实现视听呈现模块和新闻资讯模块制作。

picker	采摘机	mode	模式
controls	控制	poster	封面
duration	持续时间	autoplay	自动播放
muted	减轻的	polyline	多段线
switch	转换	template	样板

1. 选择题

（1）image 组件的 mode 属性值为（　　）时图片不保持比例进行缩放。

A. scaleToFill　　　　B. aspectFit　　　　C. aspectFill　　　　D. top right

（2）下面哪一个是实现列表渲染的控制属性（　　）。

A. wx:for　　　　B. wx:key　　　　C. wx:if　　　　D. wx:else

（3）使用模板的方法是在 template 组件上添加（　　）属性。

A. name　　　　B. is　　　　C. has　　　　D. link

（4）微信小程序中导入样式的方式为（　　）。

A. 使用 link 标签导入　　　　　　　　B. @import " 路径 "

C. @include " 路径 "　　　　　　　　D. import " 路径 "

（5）audio 标签不能实现对音频（　　）的控制。

A. 重新播放　　　　B. 暂停　　　　C. 设置时间　　　　D. 倍速播放

2. 简答题

使用列表渲染、导入模板等知识实现以下效果：编写一个带列表的模板，左边页面为模板的效果，右边页面引用模板并添加信息。

项目四　微信小程序基础 API

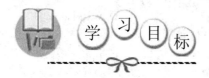

读者通过对微信小程序基础 API 的学习，了解微信小程序页面路由的设置，熟悉界面 API 的应用，掌握网络请求与数据缓存的实现，具有独立使用基础 API 完成页面跳转与动画制作的能力。

技能目标：
- 熟练掌握常见的界面 API 功能及调用；
- 熟练掌握常见的网络 API 功能及调用；
- 熟练掌握常见的媒体 API 功能及调用；
- 掌握微信小程序人机交互设计原则；
- 编写简单的微信小程序。

素养目标：
- 理解交互的意义，培养善于沟通交流的职业素质；
- 理解界面设计思想，培养精益求精的工匠精神；
- 理解文件传输的重要性，树立正确的价值观，以诚信为本，不信谣不传谣，文明用网。

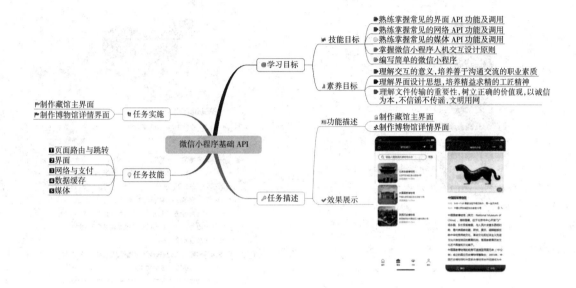

【情境导入】

博物馆是一个不可忽略的代表着当地历史文化风味的所在,能够收藏和保护文物、开展社会宣传教育、进行社会科学研究,其不仅仅是物质的汇集与并置,同时也是一种精神性的集聚。在博物馆里,不同的收藏理念和展品来源会赋予博物馆完全不同的风貌。因此,用户可以通过不同的博物馆以及馆藏了解不同的历史。本项目通过对微信小程序基础 API 的学习,最终完成藏馆主界面和博物馆详情界面制作。

【功能描述】

- 制作藏馆主界面;
- 制作博物馆详情界面。

【效果展示】

读者通过对本项目的学习,了解微信小程序页面路由配置、界面 API 使用、网络请求以及数据缓存等知识,完成藏馆主界面和博物馆详情界面制作,效果如图 4-1 和图 4-2 所示。

图 4-1 藏馆主界面

图 4-2 博物馆详情界面

技能点一　页面路由与跳转

1. 页面路由

在微信小程序中,所有页面的路由均被小程序框架管理,规定了页面跳转时依据的路由规则。

页面路由的作用与导航组件相同,都用来连接界面并进行页面之间的跳转,与导航组件(navigator)不同的是,导航组件必须写到 .wxml 文件中,而页面的路由事件必须写在 .js 文件中并嵌入在事件函数内被使用。页面的路由事件有多种方法来进行跳转,见表 4-1。

表 4-1　导航事件列表

方法	描述
wx.switchTab	关闭非 tabBar 页面并跳转到 tabBar 页面
wx.reLaunch	关闭所有页面并打开新页面
wx.redirectTo	关闭当前页面并跳转到新页面
wx.navigateTo	保留当前页面并跳转到新页面
wx.navigateBack	返回历史页面（一级或多级）并关闭当前页面

其中，wx.switchTab 用于 tabBar 页面的跳转，并在跳转时关闭其他所有的非 tabBar 页面；wx.reLaunch 主要用于关闭所有页面并打开应用内的任意指定页面；而 wx.redirectTo 同样用于关闭页面并打开指定页面，但与 wx.reLaunch 相比，wx.redirectTo 不能实现 tabBar 页面的跳转，并且 wx.switchTab、wx.reLaunch、wx.redirectTo 3 个方法包含的参数相同，见表 4-2。

表 4-2　wx.switchTab、wx.reLaunch、wx.redirectTo 参数

参数	描述
url	跳转路径
success	成功时回调的函数
fail	失败时回调的函数
complete	结束时回调的函数

wx.navigateTo 方法与 wx.redirectTo 方法基本相同，但 wx.navigateTo 方法在跳转新页面时会保留当前界面，之后可通过返回方法返回；并且，与上述 3 个方法相比，wx.navigateTo 方法多了一个参数，主要用于在页面跳转时携带数据，见表 4-3。

表 4-3　wx.navigateTo 方法的参数

参数	描述
events	页面间通信接口，用于监听被打开页面发送到当前页面的数据

而 wx.navigateBack 则主要用于在 wx.navigateTo 方法跳转后的页面中返回跳转之前的页面，在返回时，可通过指定页面数实现多层跳转的返回，常用参数见表 4-4。

表 4-4　wx.navigateBack 方法参数

参数	描述
delta	返回历史页面的层数，默认值为 1，当 delta 大于当前页面数时，会返回首页

需要注意的是，与 wx.switchTab、wx.reLaunch、wx.redirectTo 方法相比，wx.navigateBack 由于具有页面返回的功能，因此不需要设置 url 跳转路径，但其同样存在 success、fail 和 complete 3 个回调函数。

使用页面的路由事件实现不同页面之间的跳转，效果如图 4-3 所示。

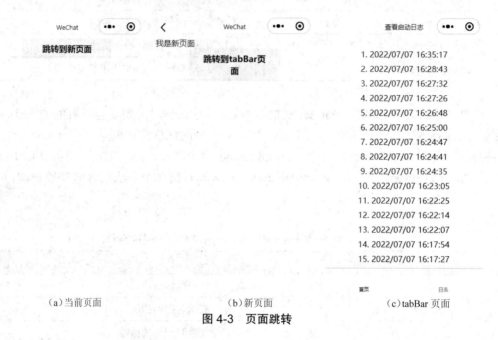

（a）当前页面　　　　　　　　（b）新页面　　　　　　　　（c）tabBar 页面

图 4-3　页面跳转

为了实现图 4-3 所示的效果，代码 CORE0401、CORE0402 如下所示。

代码 CORE0401：route.js

```
Page({
  jumpnew: function () {
    wx.navigateTo({
      url: '../new/new'
    })
  }
})
```

代码 CORE0402：new.js

```
Page({
  jumplogs: function () {
    wx.switchTab({
      url: '../logs/logs'
    })
  }
})
```

2. 跳转

与通过页面路由实现小程序页面之间的跳转相比，跳转功能则用于不同微信小程序之间的跳转，包括小程序的打开、返回以及退出等，常用方法见表4-5。

表4-5 跳转方法

方法	描述
wx.openEmbeddedMiniProgram	打开半屏小程序
wx.navigateToMiniProgram	打开另一个小程序
wx.navigateBackMiniProgram	返回上一个小程序
wx.exitMiniProgram	退出当前小程序

其中，wx.navigateToMiniProgram方法是跳转中较为常用的一种，通过指定小程序的appID和小程序链接即可完成跳转操作，常用参数见表4-6。

表4-6 wx.navigateToMiniProgram方法常用参数

参数	描述
appId	目标小程序的appID，是一个必选的参数
path	目标小程序的页面路径，可以在路径后通过"?"实现参数的传入，如"?foo=bar"
shortLink	目标小程序链接，当使用该参数时，可以进行appId的设置
success	成功时回调的函数
fail	失败时回调的函数
complete	结束时回调的函数

需要注意的是，跳转操作需要用户进行触发，也就是跳转方法需应用在自定义的触发事件中，并且，在实现跳转操作时，会出现询问是否跳转的弹窗，只有用户确认后才可以跳转其他小程序。

使用wx.navigateToMiniProgram方法跳转至"迅腾国际"小程序，效果如图4-4所示。

图4-4 页面跳转

为了实现图 4-4 所示的效果,代码 CORE0403、CORE0404 如下所示。

代码 CORE0403:wechatjump.wxml

`<button bindtap="jump">` 跳转至迅腾国际小程序 `</button>`

代码 CORE0404:wechatjump.js

```
Page({
  jump:function(){
    wx.navigateToMiniProgram({
      // 目标小程序 appID
      appId: 'wx396d9dc26c63c7d2',
      // 目标小程序链接
      shortLink: '# 小程序 :// 迅腾国际 /2Mr1YRaCJrvY0Bv',
      // 回调函数
      success(res) {
        console.log(" 跳转成功 ")
      }
    })
  }
})
```

技能点二　界面

1. 界面交互

在微信小程序中,可以通过界面交互相关方法实现用户与界面之间的交互效果。目前,常见的界面交互方法有对话框、上拉菜单、消息提示框等。

1)对话框

对话框通常用于给用户传达相关提醒信息,在用户回应之前不可以进行其他操作。对话框占据部分屏幕空间,用来做一些快速的信息交互,比如信息确认、小提示等。对话框可以通过 wx.showModal() 方法实现,常用参数见表 4-7。

表 4-7　对话框参数

参数	描述
title	标题
content	内容
showCancel	显示 / 隐藏取消按钮,默认为 true

续表

参数	描述
cancelText	设置取消按钮的文字,默认为"取消"
cancelColor	设置取消按钮文字的颜色
confirmText	设置确认按钮的文字,默认为"确认"
confirmColor	设置确认按钮文字的颜色
editable	是否显示输入框
placeholderText	显示输入框时的提示文本,如果存在 content,则显示 content 内容
success	成功时触发的函数,并返回相关信息,其中,confirm 表示点击确认,cancel 表示取消
fail	失败时触发的函数
complete	结束时触发的函数

使用对话框的效果如图 4-5 所示。

图 4-5 对话框效果

为了实现图 4-5 所示的效果,代码 CORE0405、CORE0406 如下所示。

代码 CORE0405:showModal.wxml

```
<button bindtap='showModal'> 对话框 </button>
```

代码 CORE0406:showModal.js

```
Page({
  // 事件处理函数
  showModal: function () {
    wx.showModal({
```

```
        title:'提示',        // 标题
        content: '对话框',    // 内容
        cancelText:" 否 ",    // 设置取消按钮文字
        cancelColor:"#aaaaaa",    // 取消按钮文字颜色
        confirmText:" 是 ",    // 设置确认按钮文字
        confirmColor:"#cccccc",    // 确认按钮文字颜色
        success: function (res) {
         console.log(res)
         if (res.confirm) {
          console.log(' 确定 ')
         } else if (res.cancel) {
          console.log(' 取消 ')
         }
        }
      })
    }
  })
```

2）上拉菜单

上拉菜单是从设备屏幕的底部边缘向上滑出的弹出框。其内容通常以列表的形式显示在页面的下方，可通过点击其所在页面使其消失。当被触发时，其所在页面将会变暗，信息无法修改。上拉菜单可以通过 wx.showActionSheet() 方法实现，常用参数见表 4-8。

表 4-8 上拉菜单参数

参数	描述
alertText	警示文案
itemList	列表项的个数，不超过 6 个
itemColor	列表项文字的颜色
success	成功时触发的函数，通过 tapIndex 返回被点击列表项的下标
fail	失败时触发的函数
complete	结束时触发的函数

3）消息提示框

消息提示框通常用于显示操作之后该操作的当前状态，在当前状态未消失之前，如果添加透明蒙层则不可以进行其他操作。消息提示框只在页面的中部显示，用来对操作状态进行提示，比如信息加载提示、上传下载完成提示等。消息框有多种方法来进行不同状态的提示，其主要方法见表 4-9。

表 4-9 消息框方法

方法	描述
wx.showLoading()	显示加载状态的提示框
wx.hideLoading()	隐藏加载状态的提示框
wx.showToast()	显示指定状态的提示框
wx.hideToast()	隐藏指定状态的提示框

其中,wx.showLoading() 方法用于显示加载状态的提示框,常用参数见表 4-10。

表 4-10 wx.showLoading 参数

参数	描述
title	内容
mask	透明蒙层（默认为：false）
success	成功时触发的函数
fail	失败时触发的函数
complete	结束时触发的函数

wx.showToast() 方法用于显示指定状态的提示框,如成功、失败、加载等,与 wx.showLoading() 方法相比,只是增加了用于设置图标、显示时间的相关参数,增加的参数见表 4-11。

表 4-11 wx.showToast 参数

参数	描述
icon	图标,参数值为：success（成功）、loading（加载）、error（失败）、none（不显示图标）
image	图片路径
duration	显示时间

加载状态和成功状态的效果如图 4-6 和图 4-7 所示。

图 4-6 加载状态

图 4-7 成功状态

2. 界面样式设置

目前,微信小程序界面样式的设置主要用于对页面中呈现给用户的内容进行设置,包含导航栏设置、背景设置以及 tabBar 设置,常用方法见表 4-12。

表 4-12 界面样式设置方法

方法	描述
wx.showNavigationBarLoading()	在当前页面显示导航条加载动画
wx.setNavigationBarTitle()	动态设置当前页面的标题,可通过 title 属性指定
wx.setNavigationBarColor()	设置页面导航条颜色,其中: frontColor:前景颜色值,包括按钮、标题、状态栏的颜色 backgroundColor:背景颜色值
wx.hideNavigationBarLoading()	在当前页面隐藏导航条加载动画
wx.hideHomeButton()	隐藏返回首页按钮
wx.setBackgroundTextStyle()	动态设置下拉背景字体、loading 图的样式,通过 textStyle 属性进行设置,属性值有 dark 和 light
wx.setBackgroundColor()	动态设置窗口的背景色,通过 backgroundColor 属性指定
wx.showTabBarRedDot()	显示 tabBar 某一项的右上角的红点,可通过 index 设置,从左边算起
wx.hideTabBarRedDot()	隐藏 tabBar 某一项的右上角的红点
wx.showTabBar()	显示 tabBar
wx.setTabBarStyle()	动态设置 tabBar 的整体样式,其中: color:tab 上文字默认颜色 selectedColor:tab 上文字选中时的颜色 backgroundColor:tab 背景色 borderStyle:tabBar 上边框颜色
wx.setTabBarBadge()	为 tabBar 某一项的右上角添加文本,其中: index:指定 tabBar 项 text:显示的文本,超过 4 个字符以省略号"..."表示
wx.removeTabBarBadge()	移除 tabBar 某一项右上角的文本,可通过 index 指定

3. 下拉刷新

下拉刷新是通过下拉页面达到重新加载、刷新的效果,其加载刷新的过程覆盖在页面上,适用于各种需要内容更新的界面,在小程序中通常以 3 个点的动态效果显示。当用户获取最新数据后,下拉刷新效果将随即消失。下拉刷新方法见表 4-13。

表 4-13 下拉刷新方法

方法	描述
Page.onPullDownRefresh()	监听下拉刷新
wx.startPullDownRefresh()	开始下拉刷新
wx.stopPullDownRefresh()	停止下拉刷新

其中，方法的常用参数见表 4-14。

表 4-14 下拉刷新方法常用参数

参数	描述
success	成功时触发的函数
fail	失败时触发的函数
complete	结束时触发的函数

使用下拉刷新的效果如图 4-8 所示。

图 4-8 下拉刷新

为了实现图 4-8 所示的效果，代码 CORE0407、CORE0408、CORE0409 如下所示。

代码 CORE0407：pullDownRefresh.wxml

```
<image src='{{src}}'></image>
<view>
    <text> 下滑页面即可刷新 </text>
</view>
```

代码 CORE0408：pullDownRefresh.json

```
{
   "enablePullDownRefresh": true,
   "backgroundColor": "#000"
}
```

代码 CORE0409：pullDownRefresh.js

```
Page({
 data:{
   src:" http://www.xtgov.net/website/images/business-1.png"
```

```
    },
    onPullDownRefresh: function () {
      // 显示加载状态提示框
      wx.showToast({
        title: 'loading...',
        icon: 'loading'
      })
      // 刷新时替换的数据
      this.setData({
        src: "http://www.xtgov.net/website/images/business-3.png"
      })
    }
  })
```

4. 动画

动画指元素样式从一种样式逐渐变化为另一种样式的过程，在这个过程中，可以将多个样式改变多次。在微信小程序中，可以通过 animation 实例及其相关方法完成动画的制作，常用方法见表 4-15。

表 4-15 动画方法

方法	描述
wx.createAnimation()	创建 animation 动画实例
Animation.step()	表示动画完成
Animation.export()	导出动画队列

其中，wx.createAnimation() 方法主要用于创建一个动画实例 animation，主要包含动画执行时间、动画效果等，常用参数见表 4-16。

表 4-16 wx.createAnimation() 常用参数

参数	描述
duration	动画执行时间
timingFunction	动画效果，其中： linear：从头到尾的速度相同 ease：以低速开始，然后加快，在结束前变慢 ease-in：以低速开始 ease-out：以低速结束 ease-in-out：以低速开始和结束
delay	动画延迟时间

在定义动画时,一组动画中会包含多个动画过程,默认情况下所有动画会同时执行,这时为了区分动画的先后顺序,微信小程序提供了 Animation.step() 方法对动画进行分组,指定一组动画完成,只有在一组动画完成后才会执行下一组动画。并且,Animation.step() 方法与 wx.createAnimation() 方法包含参数基本相同。

而 Animation.export() 方法则用于导出分组后动画的队列并执行动画,需要注意的是,每次调用该方法后均会清掉之前的动画操作,在使用时直接调用该方法即可。

另外,除了上面两种用于动画分组以及执行的方法外,animation 实例还提供了用于定义动画内容的方法,如背景颜色、宽度、高度、旋转、放大、平移等,常用方法见表 4-17。

表 4-17 animation 实例方法

方法	描述
Animation.backgroundColor()	设置背景色
Animation.height()	设置高度
Animation.width()	设置宽度
Animation.opacity()	设置透明度
Animation.rotate()	顺时针旋转
Animation.scale()	缩放
Animation.skew()	倾斜
Animation.translate()	平移变换
Animation.top()	设置 top 值
Animation.right()	设置 right 值
Animation.left()	设置 left 值
Animation.bottom()	设置 bottom 值

完成动画制作效果如图 4-9 所示。

图 4-9 动画

为了实现图 4-9 所示的效果，代码 CORE0410、CORE0411 如下所示。

代码 CORE0410：animation.wxml

```
<view animation="{{animationData}}" style="background:red;height:100rpx;width:100rpx"></view>
```

代码 CORE0411：animation.js

```
Page({
  data: {
    animationData: {}
  },
  onLoad: function(){
    // 创建动画实例
    var animation = wx.createAnimation({
      duration: 1000,        // 动画时间
      timingFunction: 'ease',  // 动画效果
    })
    animation.rotate(45).scale(2, 2).step()              // 旋转并放大
    animation.translate(100).step({ duration: 10000 })   // 移动
    this.setData({
      animationData:animation.export()   // 导出动画队列并执行
    })
  },
})
```

5. 屏幕数据

微信小程序中可以设置的系统信息包括一些设备信息，比如设备的品牌、型号、屏幕大小等，还有一些与微信客户端相关的信息，比如微信版本号、字体大小等。可通过 wx.getSystemInfo() 同步或 wx.getSystemInfoAsync() 异步获取当前移动端屏幕的相关信息以帮助完成更精准的设置，wx.getSystemInfo() 和 wx.getSystemInfoAsync() 在使用时接收参数相同，常用参数见表 4-18。

表 4-18　wx.getSystemInfo() 和 wx.getSystemInfoAsync() 方法参数

参数	描述
success	成功时触发的函数
fail	失败时触发的函数
complete	结束时触发的函数

在执行成功后，会将屏幕宽度、屏幕高度、状态栏高度等信息返回，返回字段见表 4-19。

表 4-19 success 回调函数返回内容

字段	描述
brand	设备品牌
model	设备型号
pixelRatio	像素比
screenWidth	屏幕宽度
screenHeight	屏幕高度
windowWidth	可使用宽度
windowHeight	可使用高度
language	微信语言
version	微信版本号
system	操作系统
platform	平台
fontSizeSetting	设置字体大小

技能点三 网络与支付

1. 网络请求

默认情况下,呈现在小程序页面中的内容是固定的,也就是说,数据需事先定义。但在实际开发时,一个页面中的内容经常是不固定的,需要通过网络请求获取,因此,微信小程序提供了相关的网络请求方法 wx.request(),常用参数见表 4-20 所示。

表 4-20 wx.request() 方法参数

参数	描述
url	开发者服务器接口地址
data	请求参数
header	设置请求头,通过 content-type 设置,默认为 application/json
timeout	超时时间,单位为毫秒,默认值为 60000
method	请求方法,参数值有 OPTIONS、GET、HEAD、POST、PUT、DELETE、TRACE、CONNECT
dataType	返回的数据格式,默认值为 json
responseType	响应的数据类型
success	成功时触发的函数
fail	失败时触发的函数

续表

参数	描述
complete	结束时触发的函数

其中，success 回调函数返回内容见表 4-21。

表 4-21　success 回调函数返回内容

字段	描述
data	返回的数据
statusCode	状态码
header	请求头
cookies	返回的 cookies，格式为字符串数组
profile	网络请求过程中一些调试信息

fail 回调函数返回内容见表 4-22。

表 4-22　fail 回调函数返回内容

字段	描述
errMsg	错误信息
errno	errno 错误码

网络请求效果如图 4-10 所示。

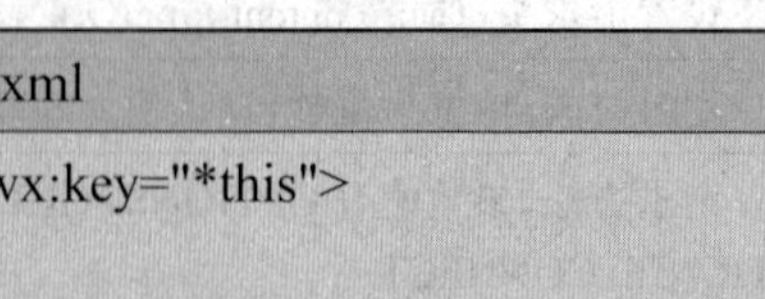

图 4-10　网络请求

为了实现图 4-10 所示的效果，代码 CORE0412、CORE0413 如下所示。

```
代码 CORE0412：http.wxml
<view wx:for='{{arr}}' wx:key="*this">
  {{index}}:{{item}}
</view>
<button bindtap="http"> 请求数据 </button>
```

代码 CORE0413：http.js

```
Page({
  http:function(){
    var that=this;
    // 网络请求
    wx.request({
      // 请求地址,仅为示例,并非真实的接口地址
      url: 'http://127.0.0.1:8000/api/response_json/',
      header: {
        'content-type': 'application/json' // 默认值
      },
      // 请求成功
      success (res) {
        that.setData({
          arr: res.data
        })
      }
    })
  }
})
```

在完成网络请求后,会以 RequestTask 请求任务对象作为返回值,其包含了多个用于操作网络请求的操作,如中断请求任务、请求监听等,常用方法见表 4-23。

表 4-23 RequestTask 方法

方法	描述
RequestTask.abort()	中断请求任务
RequestTask.onHeadersReceived(function callback)	监听 HTTP Response Header 事件
RequestTask.offHeadersReceived(function callback)	取消监听 HTTP Response Header 事件
RequestTask.onChunkReceived(function callback)	监听 Transfer-Encoding Chunk Received 事件
RequestTask.offChunkReceived(function callback)	取消监听 Transfer-Encoding Chunk Received 事件

语法如下所示。

```
const requestTask = wx.request({
  // 网络请求
})
// 取消请求任务
requestTask.abort()
```

2. 文件上传下载

在一款软件中,文件的上传、下载功能是经常用到的,小程序为方便开发者开发,提供文件上传、下载等功能的实现方法,只需要填入相应的对象参数就可以实现文件的上传和下载。

1)文件上传

文件上传(wx.uploadFile(object))是将文件以流的形式提交到服务器端,服务器端接收流并解析保存到本地,将保存的地址以参数形式返回。文件上传方法包含的对象参数见表4-24。

表4-24 对象参数

参数	描述
url	服务器路径
filePath	文件路径
name	文件 key,服务器通过 key 获取文件内容
header	HTTP 请求 header
formData	请求服务器时,发送给服务器的数据
success	成功时触发的函数
fail	失败时触发的函数
complete	结束时触发的函数

将文件上传方法看作一个对象,通过对象的方法可以监听上传进度,也可以取消上传,对象包含的方法见表4-25。

表4-25 方法

方法	描述
onProgressUpdate	监听上传进度
abort	终止取消上传

使用 wx.uploadFile(object) 方法实现文件上传的语法如下所示。

```
const uploadTask = wx.uploadFile({
    url: '服务器路径',
    filePath:'文件路径',
    name: 'key',
    formData:{
        'user': 'test'
    },
```

```
        success: function(res){
            var data = res.data    // 文件在服务器上的路径
        }
})

uploadTask.onProgressUpdate((res) => {
    console.log(' 上传进度 ', res.progress)
    console.log(' 已经上传的数据长度 ', res.totalBytesSent)
    console.log(' 上传的数据总长度 ', res.totalBytesExpectedToSend)
})

uploadTask.abort() // 取消上传任务
```

2）文件下载

文件下载（wx.downloadFile(object)）是将网络文件资源或服务器的文件资源下载到本地的过程，客户端填入想要下载文件的路径，下载成功返回文件的本地路径，文件下载方法包含的参数见表 4-26。

表 4-26 文件下载方法常用参数

参数	描述
url	资源路径
header	HTTP 请求 header
success	成功时触发的函数
fail	失败时触发的函数
complete	结束时触发的函数

使用 wx. download File (object) 方法下载资源效果如图 4-11 所示。

图 4-11 文件下载效果

为了实现图 4-11 所示的效果，代码 CORE0414、CORE0415 如下所示。

代码 CORE0414：file.wxml

```
<image src='{{src}}'></image>
<button bindtap='choose'> 下载图片 </button>
<view> 下载进度：{{percent}}</view>
```

代码 CORE0415：file.js

```
Page({
  data: {
      src:"https://img1.baidu.com/it/u=2003496092,3295249130&fm=253&fmt=auto&app=138&f=JPEG?w=500&h=313",
      percent:"0%"
  },
  // 事件处理函数
  choose: function () {
    // 文件下载
    const downloadTask = wx.downloadFile({
      url: this.data.src, // 仅为示例，并非真实的资源
      // 下载成功返回内容
      success: function (res) {
        console.log(res)
      }
    })
    // 文件下载进度监听
    downloadTask.onProgressUpdate((res) => {
      var that=this
      that.setData({
        percent: Math.floor(res.progress) + "%"
      })
    })
  }
})
```

3. 微信支付

在众多微信小程序中，电商类小程序占比非常高，因而支付功能是不可或缺的存在。目前，微信小程序中可以通过 wx.requestPayment() 方法发起微信支付，但在调用前需在小程序微信公众平台中申请接入微信支付，wx.requestPayment() 方法常用参数见表 4-27。

表 4-27 wx.requestPayment() 参数

参数	描述
timeStamp	时间戳,必填
nonceStr	随机字符串,必填
package	统一下单接口返回 prepay_id 参数值,必填
signType	签名算法
paySign	签名,必填
success	成功时触发的函数
fail	失败时触发的函数
complete	结束时触发的函数

语法如下所示。

```
wx.requestPayment({
    timeStamp: '',
    nonceStr: '',
    package: '',
    signType: 'MD5',
    paySign: '',
    success (res) { },
    fail (res) { }
})
```

课程思政:网络安全,法律意识

目前,我国在网络安全领域取得了很大成就,但全球网络空间的情况依旧纷繁复杂。人工智能、区块链、5G、量子通信等具有颠覆性的战略性新技术突飞猛进,大数据、云计算、物联网等基础应用持续深化,数据泄露、高危漏洞、网络攻击以及相关的智能犯罪等网络安全问题随着新技术的发展呈现出新变化,严重危害国家关键基础设施安全、人民群众隐私安全甚至危及社会稳定。截至目前,全球泄露信息数量达到 352.79 亿条,涉及大约 21.2 亿人。

数据安全面对重重挑战,在健全网络综合治理体系,推动形成良好网络生态的同时,个人用户和企业应提高网络安全意识,做好自身数据安全保护工作,从而降低数据泄露的风险。

技能点四 数据缓存

小程序中的数据存储是以键值对的形式将数据保存在一个公共存储空间中,适合缓存的数据多为一些静态数据或频繁交互的数据,每个小程序都包含 10 MB 的本地存储空间。

数据存储有利于减少网络请求,从而使程序加载更加流畅。在存储空间中对数据的操作包括添加数据、获取数据、删除数据及清空数据。数据存储方法见表4-28。

表4-28 数据存储方法

方法	描述
wx.setStorage(OBJECT)	添加数据(异步)
wx.setStorageSync(KEY,DATA)	添加数据(同步)
wx.getStorage(OBJECT)	获取数据(异步)
wx.getStorageSync(KEY)	获取数据(同步)
wx.getStorageInfo(OBJECT)	获取存储空间数据(包括:key、占用空间大小等)(异步)
wx.getStorageInfoSync()	获取存储空间数据(包括:key、占用空间大小等)(同步)
wx.removeStorage(OBJECT)	删除数据(异步)
wx.removeStorageSync(KEY)	删除数据(同步)
wx.clearStorage()	清除全部数据(异步)
wx.clearStorageSync()	清除全部数据(同步)

其中 wx.setStorage() 方法将数据异步添加至本地缓存指定的 key 中,如果本地缓存中含有相同的 key,那么这个 key 将被覆盖,wx.setStorage() 方法包含的参数见表4-29。

表4-29 wx.setStorage()方法参数

参数	描述
key	在本地保存数据时的名称
data	存储内容
success	成功时触发的函数
fail	失败时触发的函数
complete	结束时触发的函数

而 wx.getStorageSync() 方法可以从本地缓存中同步获取数据,获取时需要通过名称实现,wx.getStorageSync() 方法包含的对象参数见表4-30。

表4-30 wx.getStorageSync()方法参数

参数	描述
key	在本地保存数据时的名称

数据存储效果如图4-12所示。

图 4-12 数据存储

为了实现图 4-12 所示的效果，代码 CORE0416、CORE0417 如下所示。

代码 CORE0416：dataStorage.wxml

```
<input type='text' bindblur='value' style='border:1px solid #000;'></input>
<view>{{text}}</view>
```

代码 CORE0417：dataStorage.js

```
Page({
 data: {
  return:"",
  text: ""
 },
 // 存储数据
 value: function (e) {
  var that=this
  // 获取输入数据
  var password = e.detail.value
  // 缓存数据
  wx.setStorage({
   key: "password",
   data: password,
   success:function(res){
    if (res.errMsg =="setStorage:ok"){
     that.setData({
      return: " 保存成功 "
     })
    } else{
     that.setData({
      return: " 保存失败 "
     })
    }
```

```
      }
    })
  },
  // 获取数据
  getvalue: function () {
    var that = this
    try {
      // 获取缓存数据
      var value = wx.getStorageSync('password')
      if (value) {
        that.setData({
          text: value
        })
      }
    } catch (e) {
      that.setData({
        text: " 获取数据失败 "
      })
    }
  },
})
```

技能点五　媒体

1. 视频

在微信小程序中，视频除了使用视频组件进行简单的展示外，还可以通过视频相关的 API 进行操作，如视频选择、视频保存、视频详细信息获取等，常用方法见表 4-31。

表 4-31　视频方法

方法	描述
wx.chooseMedia()	拍摄或从手机相册中选择图片或视频
wx.createVideoContext()	创建 VideoContext 对象
wx.getVideoInfo()	获取视频详细信息
wx.saveVideoToPhotosAlbum()	保存视频到系统相册

其中，wx.chooseMedia()用于实现视频或图片的拍摄以及从手机相册进行选取，只需通过简单的参数即可完成操作的设置，常用参数见表 4-32。

表 4-32 wx.chooseMedia() 方法参数

参数	描述
count	最多可以选择的文件个数，默认值为 9
mediaType	文件类型，image 表示图片，video 表示视频，mix 表示可以同时选择图片和视频
sourceType	图片或视频的来源，album 表示从相册选择，camera 表示使用相机拍摄
maxDuration	视频最长拍摄时间，范围为 3~60，单位为秒
camera	前置或后置摄像头选择，仅在 sourceType 为 camera 时有效，back 为使用后置摄像头，front 为使用前置摄像头
success	成功时触发的函数
fail	失败时触发的函数
complete	结束时触发的函数

wx.chooseMedia() 方法在使用后，会通过 success 回调函数返回选择的视频或图片文件的相关信息，success 包含的属性见表 4-33。

表 4-33 success 属性

属性	描述
tempFiles	本地临时文件列表
tempFilePath	文件本地路径
size	文件大小
duration	视频长度
height	高度
width	宽度
fileType	文件类型，image 表示图片，video 表示视频
type	文件类型，有效值有 image、video、mix

而 wx.createVideoContext() 可以通过 video 组件的 id 创建一个上下文的 video 对象 VideoContext，视频的播放、暂停、倍速等操作均通过该对象的相关方法实现，常用方法见表 4-34。

表 4-34 VideoContext 对象方法

方法	描述
VideoContext.exitFullScreen()	退出全屏
VideoContext.exitPictureInPicture	退出小窗
VideoContext.pause()	暂停视频
VideoContext.play()	播放视频
VideoContext.stop()	停止视频
VideoContext.playbackRate(number rate)	设置倍速播放，可选值有 0.5/0.8/1.0/1.25/1.5/2.0
VideoContext.seek(number position)	跳转到指定位置，单位为秒
VideoContext.sendDanmu(Object data)	发送弹幕，text 表示弹幕文字，color 表示弹幕文字颜色

获取视频并对视频进行操作，效果如图 4-13 所示。

图 4-13 获取视频并对视频进行操作

为了实现图 4-13 所示的效果，代码 CORE0418、CORE0419 如下所示。

代码 CORE0418：videoAPI.wxml

```
<view>
  <video id="myvideo" src="{{src}}" enable-danmu danmu-btn controls></video>
</view>
<button bindtap='choose'> 选择视频 </button>
<button bindtap='play'> 播放视频 </button>
<button bindtap='pause'> 暂停视频 </button>
<button bindtap='pause'> 停止视频 </button>
<button bindtap='seek'> 跳转到 30s</button>
```

代码 CORE0419: videoAPI.js

```javascript
Page({
  onReady: function (e) {
    // 使用 wx.createMapContext 获取 map 上下文
    this.VideoContext = wx.createVideoContext('myvideo')
  },
  // 选择视频并进行展示
  choose: function () {
    var that=this
    wx.chooseMedia({
      count: 1,
      // 文件类型
      mediaType: ['video'],
      // 来源
      sourceType: ['album', 'camera'],
      success(res) {
        // 视频路径
        that.setData({
          src:res.tempFiles[0].tempFilePath
        })
      }
    })
  },
  // 播放
  play:function(){
    this.VideoContext.play()
  },
  // 暂停
  pause:function(){
    this.VideoContext.pause()
  },
  // 停止
  stop:function(){
    this.VideoContext.stop()
  },
  // 跳转
```

```
seek:function(){
  this.VideoContext.seek(10)
}
})
```

2. 音频

使用音频组件实现音乐的播放,不管是样式的设置,还是音频文件的播放、暂停等操作的设置并不方便。因此,微信小程序提供了 wx.createInnerAudioContext() 方法,可以创建一个 InnerAudioContext 对象,并通过 useWebAudioImplement 属性选择是否使用 WebAudio 作为底层音频驱动,当开启该选项后,可以优化短音频、播放频繁音频的性能,但对于长音频,会带来额外的内存开销。另外,微信小程序中,关于音频的相关操作均可通过 InnerAudioContext 对象的属性或方法进行设置,见表 4-35。

表 4-35 InnerAudioContext 对象属性和方法

	内容	描述
属性	src	音频路径
	startTime	开始播放位置
	autoplay	自动播放设置
	loop	循环播放设置
	volume	音量设置
	currentTime	音频播放位置
	paused	暂停或停止状态
方法	play()	播放
	pause()	暂停
	stop()	停止,视频将从头播放
	seek()	跳转至指定位置
	onPlay()	监听播放操作
	onPause()	监听暂停操作
	onStop()	监听停止操作

创建 InnerAudioContext 对象,并在设置音频路径后,通过相关方法操作音频,效果如图 4-14 所示。

图 4-14 获取视频并操作

为了实现图 4-14 所示的效果,代码 CORE0420、CORE0421 如下所示。

代码 CORE0420:audioAPI.wxml

```
<button type="primary" bindtap="audioPlay"> 播放 </button>
<button type="primary" bindtap="audioPause"> 暂停 </button>
<button type="primary" bindtap="audioSet"> 设置当前播放时间为 14 秒 </button>
<button type="primary" bindtap="audioStart"> 回到开头 </button>
```

代码 CORE0421:audioAPI.js

```
// 创建 InnerAudioContext 对象
const innerAudioContext = wx.createInnerAudioContext()
innerAudioContext.onPlay(() => {    // 播放监听
   console.log(' 录音播放中 ');
})
innerAudioContext.onPause(() => {    // 暂停监听
   console.log(' 录音播放结束 ');
})
innerAudioContext.onStop(() => {    // 停止监听
   console.log(' 录音播放停止 ');
})
// 设置音频路径
innerAudioContext.src = 'http://120.92.122.253:39001/files/actor.mp3';
Page({
   audioPlay: function() {
      innerAudioContext.play();     // 播放音频
   },
   audioPause: function() {
      innerAudioContext.pause();    // 暂停音频
   },
   audioSet: function() {
```

```
                innerAudioContext.seek(14);    // 跳转至指定位置
            },
            audioStart: function() {
                innerAudioContext.stop();    // 停止音频
            }
        })
```

3. 图片

图片可以真实反映具有实效性的人或事物,人们可以通过图片的展示表达快乐、痛苦、忧伤等情感,想要实现图片的获取,小程序提供了一些方法,用于在移动设备中获取、修饰图片。具体方法见表4-36。

表 4-36 操作图片方法

方法	描述
wx.chooseMedia()	选择图片
wx.previewImage()	预览图片
wx.getImageInfo()	图片信息
wx.saveImageToPhotosAlbum()	保存图片

其中,wx.previewImage(object) 方法用于对图片进行预览,可以通过设置方法属性来设置预览时上下图片切换效果,方法包含的参数见表4-37。

表 4-37 wx.previewImage(object) 方法参数

参数	描述
count	选择图片张数
urls	预览列表
success	成功时触发的函数,返回图片路径
fail	失败时触发的函数
complete	结束时触发的函数

获取图片并预览图片效果,如图4-15所示。

图 4-15 获取图片并预览

为了实现图 4-15 所示的效果,代码 CORE0422、CORE0423 如下所示。

代码 CORE0422:imagefiles.wxml

`<button bindtap='choose'>` 选择图片 `</button>`
`<view wx:for="{{Urls}}" wx:key="{{index}}">`
   `<image id="{{index}}" src='{{item.tempFilePath}}' style='width:100px;height:150px;float:left;margin-right:10px;margin-bottom:10px;' bindtap='previewImage'></image>`
`</view>`

代码 CORE0423:imagefiles.js

```Page({```
  // 选择图片并进行展示
  choose: function () {
    var that=this
    wx.chooseMedia({
      count: 9,
      mediaType: ['image','video'],
      sourceType: ['album', 'camera'],
      maxDuration: 30,
      camera: 'back',
      success(res) {
        that.setData({
          Urls:res.tempFiles

```
    })
   }
  })
 },
 // 图片预览
 previewImage: function (e) {
  var list=[]
  // 遍历选择的图片
  for(var i=0;i<this.data.Urls.length;i++){
   list[i]=this.data.Urls[i].tempFilePath
  }
  // 获取预览图片的下标
  var inde = parseInt(e.currentTarget.id, 10)
  wx.previewImage({
   current: this.data.Urls[inde].tempFilePath, // 当前显示图片的 http 链接
   urls: list // 需要预览的图片 http 链接列表
  })
 }
})
```

而 wx.getImageInfo(object) 方法用于获取图片的信息,可以方便查看图片的分辨率,方法包含的参数见表 4-38。

表 4-38　wx.getImageInfo(object) 方法参数

参数	描述
src	图片路径
success	成功时触发的函数,返回图片路径
fail	失败时触发的函数
complete	结束时触发的函数

通过上面的学习,读者可以了解微信小程序基础 API 的相关知识,包括页面路由、动画、数据缓存、媒体操作等,通过以下几个步骤,完成"古物图鉴"项目藏馆模块制作。

第一步:制作藏馆主界面

藏馆主界面包含搜索区域和博物馆列表区域,在搜索区域可以实现数据的过滤,该区域

由搜索图标、单行输入框以及筛选按钮组成，其中，搜索图标、单行输入框被包含在同一组件中，只需设置图标的大小、位置、输入框的大小以及提示文字等内容，并在最外层设置边框及圆角即可；而筛选按钮需要设置其大小、位置以及文字的居中显示等。而博物馆列表用于展示博物馆的信息，包含博物馆的图片、名称、地址以及距用户当前位置的距离，且博物馆列表的样式属于公共样式，因此将其放在 app.wxss 中，除此之外，在初次进入当前页面时，会询问是否允许使用定位功能，之后通过坐标计算出当前位置距离每个博物馆的距离，由于计算距离的方法被多个页面调用，因此将其放在 app.js 中。代码 CORE0424~CORE0427 如下，WXSS 代码需自行定义。

代码 CORE0424：museum.json

```json
{
  "navigationStyle": "custom",
  "usingComponents": {}
}
```

代码 CORE0425：museum.wxml

```
<!-- 自定义导航栏 -->
<view id="title" style="padding-top: {{statusBarHeight}}px;">
    <text> 展馆展厅 </text>
    <image src="../../images/index_search.png" bindtap="gosearch"></image>
</view>
<view id="header" style="margin-top: 90px;">
    <view class="search" style="width: {{screenWidth-50}}px;">
        <image src="../../images/search.png"></image>
        <input type="text" placeholder=" 请输入要搜索的博物馆名称 " style="width: {{screenWidth-158}}px;" confirm-type="search" bindconfirm="getsearch" bindinput="formSubmit" />
    </view>
    <text bindtap="search"> 筛选 </text>
</view>
<view id="recommend" style="margin-top: 150px;">
    <dl style="width: {{screenWidth}}px;" wx:for="{{recommend}}" wx:for-index="indexlist" data-index="{{indexlist}}" bindtap="gomuseumdetail">
        <dt>
            <image src="{{item.url}}"></image>
        </dt>
        <view style="width: {{screenWidth-130}}px;">
            <dd class="name">{{item.name}}</dd>
            <dd class="address">{{item.address}}</dd>
```

```
            <dd class="distance">
               <image src="../../images/local.png"></image> 距离您 {{item.distance}}
            </dd>
         </view>
      </dl>
   </view>
```

代码 CORE0426:app.js

```
App({
   // 计算距离函数
   Rad(d) {
      // console.log(d,' 这里是 D');
      // 根据经纬度判断距离
      return d * Math.PI / 180.0;
   },
   getdistance(weidu1, jingdu1, weidu2, jingdu2) {
      // weidu1 当前纬度,jingdu1 当前经度,weidu2 目标纬度,jingdu2 目标经度
      console.log(weidu1, jingdu1 ,' 我是当前定位 ', weidu2, jingdu2,' 我是目标的 ');
      var radweidu1 = this.Rad(weidu1);
      var radweidu2 = this.Rad(weidu2);
      var a = radweidu1 - radweidu2;
      // console.log(a);
      var b = this.Rad(jingdu1) - this.Rad(jingdu2);
      // console.log(b);
      var s = 2 * Math.asin(Math.sqrt(Math.pow(Math.sin(a / 2), 2) + Math.cos(radweidu1) * Math.cos(radweidu2) * Math.pow(Math.sin(b / 2), 2)));
      // console.log(s);
      s = s * 6378.137;
      s = Math.round(s * 10000) / 10000;
      s = s.toFixed(1) + 'km' // 保留两位小数
      // console.log(' 经纬度计算的距离 :' + s)
      return s
   },
})
```

代码 CORE0427:museum.js

```
const app = getApp();
Page({
```

```
    data: {
      recommend:[
        {
          name: ' 北京故宫博物院 ',
          address:' 北京市东城区景山前街 4 号 ',
          distance:'0km',
          url: 'http://120.92.122.253:39001/files/thePalaceMuseum.png',
          latitude: 39.91799,
          longitude: 116.397027
        },
        // 其他项内容与上述结构相同
      ]
    },
    onLoad(option){
      // 判断如何进入的当前页面
      if("city" in option){
        title: ' 省市博物馆 '
      }else{
        wx.setNavigationBarTitle({
          title: ' 全部博物馆 '
        })
      }
      var that=this
      wx.getSystemInfo({ // 获取屏幕数据
        success: res => {
          that.setData({
            statusBarHeight:res.statusBarHeight,
            screenWidth:res.screenWidth-32,
            city:option.city
          })
        }
      })
      that.getLocation()
    },
    getLocation() {
      var that = this;
```

```
            wx.getLocation({
                type: 'wgs84',
                success (res) {
                    console.log(res)
                    that.setData({
                        latitude:res.latitude,
                        longitude:res.longitude
                    })
                    for(var i=0;i<that.data.recommend.length;i++){
    that.data.recommend[i].distance=app.getdistance(res.latitude,res.longitude,that.data.rec-
ommend[i].latitude,that.data.recommend[i].longitude)
                    }
                    that.setData({
                        recommend:that.data.recommend
                    })
                }
            })
        },
        gosearch:function(){    // 进入搜索界面
            wx.navigateTo({
                url: '../search/search',
            })
        },
        formSubmit:function(e){ // 点击键盘右下角的搜索按钮触发
            this.setData({
                value:e.detail.value
            })
        },
        search:function(e){
            console.log(this.data.value)
        },
        getsearch:function(e){
            console.log(e.detail.value)
        },
        gomuseumdetail:function(e){    // 点击指定博物馆时跳转至博物馆详情界面
            console.log(e.currentTarget.dataset.index)
            var latitude=this.data.latitude
```

```
        var longitude=this.data.longitude
        wx.navigateTo({
          url:
      '../museumdetail/museumdetail?id='+e.currentTarget.dataset.index+'&latitude='+lati-
tude+'&longitude='+longitude,
        })
      }
    })
```

效果如图 4-16 所示。

图 4-16　藏馆主界面

第二步：制作博物馆详情界面

点击指定博物馆即可跳转至博物馆详情界面，在该界面中，包含图片展示、博物馆信息介绍以及当前博物馆包含文物等内容。其中，图片展示通过轮播图组件实现，只是在设置时不让轮播图播放，并且在图片的右下角显示图片信息（图片张数以及当前图片位置），最后使用 wx.previewImage() 方法实现图片的预览操作；博物馆信息介绍则包含博物馆名称、可进馆时间段、博物馆所在位置以及博物馆简介等，并且在说明博物馆地址时，添加了地址查询以及拨打电话两个操作，可通过 wx.openLocation() 和 wx.makePhoneCall() 方法实现，最后在介绍博物馆时，添加内容隐藏设置，并在点击展示按钮后查看全部信息；而博物馆包含文物的展示通过 scroll-view 组件实现，其会创建一个可滚动视图区域，并指定横向滚动；最后可以通过点击预约将其加入我的预约中,点击分享即可将当前博物馆分享到微信中;代码 CORE0428~CORE0430 如下,WXSS 代码需自行定义。

代码 CORE0428:museumdetail.json

```
{
    "navigationBarBackgroundColor": "#7d0101",
    "navigationBarTextStyle": "white",
    "navigationBarTitleText": " 博物馆详情 "
}
```

代码 CORE0429:museumdetail.wxml

```
<!-- 轮播图 -->
<swiper circular="true" id="mainpic" style="width: {{screenWidth}}px;" bind-change="change">
    <swiper-item wx:for="{{imgUrls}}" wx:key="{{index}}">
        <image id="{{index}}" src="{{item.url}}" class="slide-image" mode="heightFix" bindtap='previewImage'></image>
    </swiper-item>
</swiper>
<!-- 图片张数以及图片所在位置 -->
<view class="num">
    <text>{{index}}/{{length}}</text>
    <view></view>
</view>
<!-- 博物馆介绍 -->
<view id="detail" style="width: {{screenWidth}}px;margin: 0 auto;">
    <view class="name"> 中国国家博物馆 </view>
    <view class="timeplace">
        <text class="left"> 时间:</text>
        <text class="right">9:00-17:00 国家法定节假日除外,周一全天关闭 </text>
    </view>
    <view class="timeplace">
        <text class="left"> 地点:</text>
        <text class="right"> 中国北京东城区东长安街 16 号 </text>
        <image src="../../images/phone.png" bindtap="phone"></image>
        <image src="../../images/place.png" style="margin-right: 6px;" bindtap="place"></image>
    </view>
```

```
            <text class="introduction" style="height: {{height}};" animation="{{animationDa-
ta}}"> 中国国家博物馆（英文：National Museum of China），简称国博，位于北京市中心天
安门广场东侧，东长安街南侧，与人民大会堂东西相对称，是代表国家收藏、研究、展示、阐
释能够反映中华优秀传统文化、革命文化和社会主义先进文化代表性物证的最高机构，是
国家最高历史文化艺术殿堂和文化客厅。
                中国国家博物馆的前身可追溯至民国元年（1912 年）成立的国立历史博物馆筹备处；
2003 年，中国历史博物馆和中国革命博物馆合并组建为中国国家博物馆；2011 年 3 月新
馆建成开放。新馆建筑保留了原有老建筑西、北、南建筑立面，总用地面积 7 万平方米，建
筑高度 42.5 米，地上 5 层，地下 2 层，展厅 48 个，建筑面积近 20 万平方米，是世界上单体
建筑面积最大的博物馆。中国国家博物馆有藏品数量 140 万余件，涵盖古代文物、近现代
文物、图书古籍善本、艺术品等多种门类。其中，古代文物藏品 81.5 万件（套），近现代文
物藏品 34 万件（套），图书古籍善本 24 万余件（册），共有一级文物近 6000 件（套）。</
text>
            <view class="extend" hidden="{{isbtn}}" bindtap="extend">
                <view>
                    <image src="../../images/double-down.png" style="width: 20px;height: 20px;"></
image>
                </view>
                <text></text>
            </view>
            <!-- 博物馆包含文物介绍 -->
            <view id="content">
                <view class="title">
                    <text> 全部馆藏 </text>
                    <view bindtap="goantique"> 全部 <image src="../../images/right.png"></image>
                    </view>
                </view>
                <scroll-view scroll-x="true" enhanced="true" show-scrollbar="{{false}}" style="
white-space: nowrap; width:1350; display: inline-block">
                    <view class="antiquelist" wx:for="{{antiquelist}}" wx:for-index="indexlist" da-
ta-index="{{indexlist}}" bindtap="goantiquedetail">
                        <view>
                            <image src="{{item.url}}"></image>
                        </view>
                        <text>{{item.name}}</text>
                    </view>
                </scroll-view>
```

```
        </view>
    </view>
    <!-- 预约和分享 -->
    <view id="footer">
        <picker class="foot" mode="date" header-text="选择预约时间" bindtap="gosub-
scribe" bindchange="choosedate">
            <view>
                <image src="../../images/rss.png"></image>
                <text>{{isrss}}</text>
            </view>
        </picker>
        <view class="cover" hidden="{{whether}}"></view>
        <button open-type="share" class="foot">
            <view>
                <image src="../../images/share.png"></image>
                <text> 分享 </text>
            </view>
        </button>
    </view>
```

代码 CORE0430：museumdetail.js

```
Page({
    data: {
        imgUrls: [
            {
                url: 'http://120.92.122.253:39001/files/imgUrls(2).png'
            }, {
                url: 'http://120.92.122.253:39001/files/imgUrls(3).png'
            }
        ],
        index:1,
        height:'300px',
        antiquelist:[
            {
                name: '《寒林楼观图》',
                url: 'http://120.92.122.253:39001/files/imgUrls(1).png'
            },
            // 其他项内容与上述结构相同
```

```
        ],
        isrss:" 预约 "
    },
    onLoad(options) {
        this.setData({
            length:this.data.imgUrls.length,    // 统计图片张数
            latitude:options.latitude,       // 获取上一界面传输的数据
            longitude:options.longitude
        })
        var that=this
        wx.getSystemInfo({
            success: res => { // 获取屏幕数据
                that.setData({
                    statusBarHeight:res.statusBarHeight,
                    screenWidth:res.screenWidth-28,
                    windowHeight:res.windowHeight
                })
            }
        })
        // 判断是否预约博物馆
        if(that.data.isrss==" 预约 "){
            that.setData({
                whether:true
            })
        }else{
            that.setData({
                whether:false
            })
        }
    },
    // 图片预览
    previewImage: function (e) {
        var list=[]
        // 遍历选择的图片
        for(var i=0;i<this.data.imgUrls.length;i++){
            list[i]=this.data.imgUrls[i].url
        }
```

```
    // 获取预览图片的下标
    console.log(e)
    var inde = parseInt(e.currentTarget.id, 10)
    wx.previewImage({
        current: this.data.imgUrls[inde].url, // 当前显示图片的 http 链接
        urls: list // 需要预览的图片 http 链接列表
    })
},
change:function(e){    // 滑动图片时,位置信息变化
    console.log(e.detail.current)
    this.setData({
        index:e.detail.current+1
    })
},
goantique:function(){   // 跳转至文物列表界面
    wx.navigateTo({
        url: '../antique/antique?key=exhibitionantique',
    })
},
goantiquedetail:function(e){   // 跳转至文物详情界面
    var index = e.currentTarget.dataset.index;
    console.log(index)
    wx.navigateTo({
        url: '../antiquedetail/antiquedetail?id='+index,
    })
},
place:function(){    // 在地图中展示博物馆位置
    var latitude=parseFloat(this.data.latitude)
    var longitude=parseFloat(this.data.longitude)
    wx.openLocation({
        latitude:latitude,
        longitude:longitude,
        scale: 18
    })
},
phone:function(){    // 拨打电话
    wx.makePhoneCall({
        phoneNumber: '13400000000'
```

```
    })
  },
  extend:function(){   // 显示隐藏的博物馆介绍内容
    this.setData({
      height:'auto',
      isbtn:true
    })
  },
  choosedate:function(e){   // 预约操作,并判断是否已预约
    if(this.data.isrss==" 预约 "){
      console.log(e)
      this.setData({
        isrss:" 已预约 ",
        whether:false
      })
    }
  },
  onShareAppMessage(res) {   // 自定义分享内容
    return {
      title: " 中国国家博物馆 ",
      path: '/pages/museumdetail/museumdetail?id=1&isshare=true',
      imageUrl: "http://120.92.122.253:39001/files/NationalMuseum.png"
    }
  },
})
```

效果如图 4-17、图 4-18 和图 4-19 所示。

需要注意的是,在页面制作完成后即可通过点击全部按钮进入文物列表界面,点击指定的文物即可进入文物详情界面。

图 4-17 博物馆详情页面

图 4-18 预约添加效果图

图 4-19 分享功能效果图

在本项目中,读者通过学习小程序基础 API 的相关知识,对小程序页面路由、界面交互、下拉刷新等相关知识有所了解,对动画制作、屏幕数据获取、网络请求、数据缓存实现有所了解并掌握,并能够通过所学的微信小程序基础 API 知识实现藏馆主界面和博物馆详情界面制作。

navigator	导航器	complete	完成
editable	可编辑的	mask	面具
animation	动画	export	出口
delay	延迟	brand	品牌
profile	轮廓	abort	中止

1. 选择题

（1）wx.showLoading 方法可以触发显示（　　）状态的消息提示框。
A. 成功　　　　　　　B. 警告　　　　　　　C. 加载　　　　　　　D. 失败

（2）在微信小程序中预览图片调用的相关接口为（　　）。
A. wx.chooseImage　　　　　　　　　B. wx.priviewImage
C. wx.getImageInfo　　　　　　　　　D. wx.saveImageToPhotosAlbum

（3）wx.showModal 不能设置（　　）。
A. 是否显示取消按钮　　　　　　　　B. 按钮文字内容
C. 按钮文字大小　　　　　　　　　　D. 按钮文字颜色

（4）消息提示框设置透明蒙层的属性为（　　）。
A. mask　　　　　　　B. duration　　　　　C. icon　　　　　　　D. image

（5）每个小程序都包含（　　）的本地存储空间。
A. 1 MB　　　　　　　B. 5 MB　　　　　　　C. 10 MB　　　　　　D. 20 MB

2. 简答题

使用弹出框相关知识实现以下效果：在页面中添加一个弹出框按钮，点击后出现第二个弹出框页面，再点击确定后出现第三个消息提示框界面。

项目五　微信小程序开放 API

读者通过对微信小程序开放 API 的学习，了解微信小程序位置获取，熟悉移动端设备的调用，掌握用户信息获取、权限控制以及分享功能的实现，具有独立开发微信小程序的能力。

技能目标：
- 掌握位置 API、设备 API、开放接口 API 功能及调用；
- 掌握微信小程序的硬件能力和使用方法；
- 掌握微信小程序的开放功能，并利用开放能力，拓展小程序的使用场景；
- 独立分析微信小程序开发需求，完成多种类型的复杂的小程序项目设计。

素养目标：
- 理解接口的概念，培养踏实严谨、吃苦耐劳、一丝不苟等工匠精神；
- 时刻牢记科技强国，努力提升自身的技术能力水平，保持爱国心，坚定报国志。

项目五 微信小程序开放 API

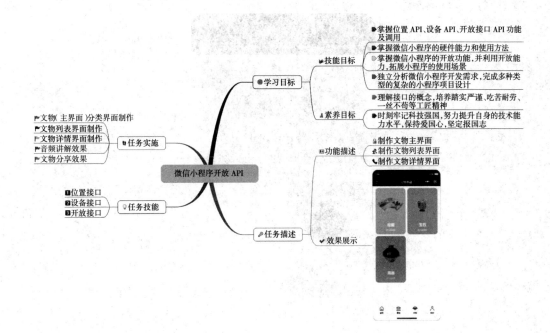

【情境导入】

文物承载着的是中国灿烂的文明历史，文物之所以能流传下来，就是因为文物在当时都是让人们喜爱的饰品、摆设等。它们的做工体现了当时的工艺，也体现着那个时代人们生活的环境和社会的状态。因此，在文物展示的微信小程序中，关于文物分类、文物详细信息的展示是必不可少的，用户可以通过图片、视频、音频等方式，从视觉和听觉上，感知文物的意义。本项目通过对微信小程序开放 API 的学习，最终完成文物模块制作。

【功能描述】

- 制作文物主界面；
- 制作文物列表界面；
- 制作文物详情界面；

【效果展示】

通过对本项目的学习，了解微信小程序位置获取、设备调用以及用户信息获取等知识，完成文物模块制作，效果如图 5-1 所示。

图 5-1　文物模块主界面

技能点一　位置接口

小程序除了使用 map 组件获取位置并把信息展示在地图上，还可以使用微信为小程序提供的用来实现位置信息获取、位置选择等功能的接口。在小程序开发过程中，如果使用到地图定位，一般采用地图定位接口和 map 组件相结合的方法，其原因是单独使用 map 组件会比较麻烦，支持率不是很高。地图定位有多种方法可以进行地理位置的展示，地图定位方法见表 5-1。

表 5-1 地图定位方法

方法	描述
wx.getLocation(object)	获取当前位置
wx.chooseLocation(object)	在地图上选择位置
wx.openLocation(object)	使用微信内置地图查看位置
wx.createMapContext(object)	创建并返回 map 对象

（1）wx.getLocation(object) 方法用于进行当前位置信息的获取（一般获取的是当前位置的经度和纬度），该方法的参数见表 5-2。

表 5-2 wx.getLocation() 方法参数

参数	描述
type	返回 GPS 坐标（默认 WGS84），gcj02 返回的坐标适用于 wx.openLocation 方法
success	成功时的回调函数
fail	失败时的回调函数
complete	结束时的回调函数

提示：WGS84 为 GPS（全球定位系统）使用而建立的坐标系统，GCJ-02 是国家测绘局制定的地址信息系统的坐标系统，两种地址位置坐标都是显示当前位置。

当接口调用成功后，回调函数返回一个对象，返回对象的格式为：Object{latitude:36.123,longitude:117.12,…}，其对象主要包含的属性见表 5-3。

表 5-3 对象参数属性

属性	描述
latitude	纬度
longitude	经度
speed	速度
accuracy	精确度
altitude	高度
verticalAccuracy	垂直精确度
horizontalAccuracy	水平精确度

（2）wx.chooseLocation(object) 可以通过在地图上选择位置获取到该位置的信息，该方法包含的参数见表 5-4。

表 5-4　wx.chooseLocation() 方法参数

参数	描述
cancel	取消时的回调函数
success	成功时的回调函数
fail	失败时的回调函数
complete	结束时的回调函数

当接口调用成功后，回调函数返回一个对象，该对象包含的属性见表 5-5。

表 5-5　对象属性

属性	描述
latitude	纬度
longitude	经度
name	名称
address	详细地址

（3）wx.openLocation(object) 可以通过微信内置的地图来获取位置的信息，该方法包含的参数属性见表 5-6。

表 5-6　wx.openLocation () 方法参数

参数	描述
scale	缩放比例
latitude	纬度
longitude	经度
name	名称
address	详细地址
success	成功时的回调函数
fail	失败时的回调函数
complete	结束时的回调函数

（4）wx.createMapContext(object) 方法可以通过接受 map 组件的 id 属性值获取 map 上下文，并以 MapContext 对象返回，之后即可通过 MapContext 对象提供的相关方法完成经纬度获取、定位等操作，MapContext 对象包含方法见表 5-7。

表 5-7 MapContext 对象包含方法

方法	描述
MapContext.getCenterLocation()	获取经纬度
MapContext.moveToLocation()	定位
MapContext.translateMarker()	进行位置平移
MapContext.includePoints()	缩放并显示所有标记点
MapContext.getRegion()	获取视野
MapContext.getScale()	获取缩放级别

使用 wx.createMapContext (object) 接口的对象方法操作 map 组件，代码 CORE0501、CORE0502 如下所示。

代码 CORE0501：mapAPI.wxml

```
<view> 经度 :{{latitude}}</view>
<view> 纬度 :{{longitude}}</view>
<map id="myMap" show-location style='width:100%;height:1012rpx;'/>
<button type="primary" bindtap="getCenterLocation" style='width:50%;float:left;'> 获取位置 </button>
<button type="primary" bindtap="moveToLocation" style='width:50%;'> 移动位置 </button>
```

代码 CORE0502：mapAPI.js

```
Page({
  data: {
    latitude: 0,
    longitude: 0
  },
  onReady: function (e) {
    // 使用 wx.createMapContext 获取 map 上下文
    this.mapCtx = wx.createMapContext('myMap')
  },
  getCenterLocation: function () {
    var that=this
    this.mapCtx.getCenterLocation({
      success: function (res) {
        var latitude = res.latitude
        var longitude = res.longitude
        that.setData({
```

```
            latitude: latitude,
            longitude: longitude
          })
        }
      })
    },
    moveToLocation: function () {
      this.mapCtx.moveToLocation()
    }
  })
```

技能点二　设备接口

1. 拨打电话

在开发初期需求者提出想做餐饮类、购物类、教育类项目时，开发过程不可避免调用手机原生的电话界面进行通话，而微信小程序中可以调用微信的多个 API 方法，其中包含拨打电话的方法 wx.makePhoneCall(OBJECT)，在使用该方法时需要通过里面的 phoneNumber 参数添加电话号码。wx.makePhoneCall(OBJECT) 方法的参数说明见表 5-8。

表 5-8　wx.makePhoneCall() 方法参数

参数	说明
phoneNumber	代表被拨打的号码
success	成功时的回调函数
fail	失败时的回调函数
complete	结束时的回调函数

使用拨打电话功能实现商家联系效果，如图 5-2 和图 5-3 所示。

图 5-2　发起拨打电话　　　　　　　图 5-3　拨打电话

为了实现图 5-2 和图 5-3 所示的效果,代码 CORE0503、CORE0504 如下所示。

代码 CORE0503：makePhoneCall.wxml

<button style="background: red;position: absolute;bottom: 0;width:50%;"> 联系骑手 </button>

<button type='primary' bindtap='makephone' style="position: absolute;bottom: 0;right: 0;width: 50%;"> 联系商家 </button>

代码 CORE0504：makePhoneCall.js

```
Page({
  makephone:function(){
    // 调用拨打电话的接口
    wx.makePhoneCall({
      // 设置电话号码
      phoneNumber: "13100000000",
    })
  }
})
```

2. 扫码

小程序中提供了扫码(扫一扫)功能的接口,其包含两种方式,分别是相机扫码、相册扫码。其实现原理是通过对二维码或条形码的扫描返回其对应的内容(包括扫码的内容、类型、字符集以及携带的 path)。实现扫码功能可以通过调用小程序中的 wx.scanCode(OB-

JECT)方法,该方法对应的参数见表5-9。

表5-9 wx.scanCode()方法参数

参数	说明
onlyFromCamera	该参数为true时表示只能从相机扫码,为false时表示既可以通过相机扫码,也可以通过相册扫码
scanType	扫描码的类型,常用参数值: barCode:一维码 qrCode:二维码 datamatrix:Data Matrix 码 pdf417:PDF417 条码
success	成功时的回调函数
fail	失败时的回调函数
complete	结束时的回调函数

当接口调用成功后,回调函数返回内容见表5-10。

表5-10 对象属性

属性	描述
result	扫码内容
scanType	扫描码的类型,其中: QR_CODE:二维码 AZTEC:一维码 CODABAR:一维码 CODE_128:一维码 DATA_MATRIX:二维码 PDF_417:二维码 RSS_EXPANDED:一维码 UPC_EAN_EXTENSION:一维码 WX_CODE:二维码
charSet	所扫码的字符集
path	二维码携带的路径
rawData	原始数据

使用扫码实现效果如图5-4和图5-5所示。

项目五 微信小程序开放 API

图 5-4 扫码界面　　　　　　　　　　图 5-5 扫码效果

为了实现图 5-4 和图 5-5 所示的效果,代码 CORE0505、CORE0506 如下所示。

代码 CORE0505：scancode.wxml

```html
<button type='primary' bindtap='scancode'> 扫码 </button>
```

代码 CORE0506：scancode.js

```js
Page({
  scancode:function(){
    // 调用扫码接口
    wx.scanCode({
      // 扫描方式
      onlyFromCamera:true,
      // 扫描码类型
      scanType:["barCode","qrCode"],
      success:function(res){
        console.log(res)
        // 扫码成功后调用的方法
      }
    })
  }
})
```

3. 振动

为了避免用户在开会时将手机调为静音而无法接收到消息,小程序提供了手机振动接口,wx.vibrateShort(OBJECT)(短时间振动 15 ms)和 wx.vibrateLong(OBJECT)(长时间振动为 400 ms)。其中,wx.vibrateShort(OBJECT) 方法包含参数见表 5-11。

表 5-11 wx.vibrateShort() 方法参数

参数	说明
type	振动强度，参数值有 heavy、medium、light
success	成功时的回调函数
fail	失败时的回调函数
complete	结束时的回调函数

需要注意的是，当回调函数返回内容的 errMsg 属性值为"vibrateShort:fail: style is not support"时，说明当前设备不支持设置的震动等级。

与 wx.vibrateShort(OBJECT) 方法相比，wx.vibrateLong(OBJECT) 方法只存在 success、fail、complete 3 个参数。

使用振动功能的效果如图 5-6 所示。

图 5-6 振动效果

为了实现图 5-6 所示的效果，代码 CORE0507、CORE0508 如下所示。

代码 CORE0507：vibrate.wxml

```
<button type='primary' bindtap='vishort'>一个短时间的振动</button>
<button type='primary' bindtap='vilong'>一个长时间的振动</button>
```

代码 CORE0508：vibrate.js

```
Page({
  vishort:function(){
    // 短时振动
    wx.vibrateShort({
      // 振动等级
      type:"light",
      success(res){
```

```
            console.log(res)
         }
    })
},
vilong: function () {
    // 长时振动
    wx.vibrateLong({
        success(res){
            console.log(res)
         }
    })
 }
})
```

4. 网络

在一些手机 APP 中经常会遇到这样的现象：在下载或者播放视频时，如果从 WiFi 网络切换成手机网络会停止下载或播放以防止用户消耗不必要的流量，这就需要获取到网络状态或者监听网络状态变化。在小程序中可以通过调用 wx.getNetworkType(OBJECT) 方法获取网络状态，以及调用 wx.onNetworkStatusChange(function callback) 方法监听网络变化获取网络类型，两个方法共同实现网络状态的获取及监听。其中，wx.getNetworkType(OBJECT) 方法包含参数见表 5-12。

表 5-12 wx.getNetworkType() 方法参数

参数	说明
success	成功时的回调函数
fail	失败时的回调函数
complete	结束时的回调函数

当获取网络状态成功后，success 设置的回调函数返回内容见表 5-13。

表 5-13 对象属性

属性	描述
networkType	网络类型，其中： wifi: wifi 网络 2G: 2G 网络 3G: 3G 网络 4G: 4G 网络 5G: 5G 网络 unknown: Android 下不常见的网络类型 none: 无网络

属性	描述
signalStrength	信号强度，单位为 dbm
hasSystemProxy	是否使用网络代理

与 wx.getNetworkType(OBJECT) 方法相比，wx.onNetworkStatusChange(function call back) 方法在进行网络状态的监听时，不需要设置任何方法参数，只需指定回调函数即可，并在成功够返回当前的网络状态，返回内容见表 5-14。

表 5-14　wx.onNetworkStatusChange() 方法返回对象属性

属性	描述
isConnected	网络是否连接
networkType	网络类型，其中： wifi：wifi 网络 2G：2G 网络 3G：3G 网络 4G：4G 网络 5G：5G 网络 unknown：Android 下不常见的网络类型 none：无网络

语法格式如下所示。

```
wx.onNetworkStatusChange(function (res) {
    console.log(res.isConnected)
    console.log(res.networkType)
})
```

网络状态的获取及监听效果如图 5-7 和图 5-8 所示。

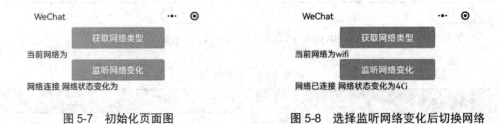

图 5-7　初始化页面图　　　　图 5-8　选择监听网络变化后切换网络

为了实现图 5-7 和图 5-8 所示的效果，代码 CORE0509、CORE0510 如下所示。

```
代码 CORE0509：Network.wxml
<button type="primary" bindtap="getNetWorkType"> 获取网络类型 </button>
当前网络为 {{networkType}}
```

项目五 微信小程序开放 API

```
<button type="primary" bindtap="onNetworkStatusChange"> 监听网络变化 </button>
网络 {{isConnected}} 连接
网络状态变化为 {{nextnetworkType}}
```

代码 CORE0510: Network.js

```
Page({
  data: {
    networkType: '',
    nextnetworkType: '',
    isConnected: ''
  },
  // 获取当前网络状态的方法
  getNetWorkType: function () {
    var _this = this;
    wx.getNetworkType({
      success: function (res) {
        console.log(res)
        _this.setData({
          // networkType 表示获取到的网络的类型
          isConnected: ' 已 ',
          networkType: res.networkType,
          nextnetworkType: res.networkType
        })
      }
    })
  },
  onLoad:function(){
    var _this = this;
    // 当网络发生变化后调用回调函数
    wx.onNetworkStatusChange(function (res) {
      console.log(res)
      if (res.isConnected) {
        _this.setData({
          //isConnected 代表网络连接状态, 为 true 表示连接
          isConnected: ' 已 ',
          nextnetworkType: res.networkType
        })
```

```
        }else{
            _this.setData({
                // 为 false 表示未连接
                isConnected: ' 未 ',
                nextnetworkType: res.networkType
            })
        }
    })
}
```

课程思政：科技强国，自主创新

5G 网络是下一代无线技术。与前几代网络相比，5G 网络提供更快的速度、更低的延迟和更高的数据容量。5G 网络对于推动下一波技术创新至关重要，其中包括自动驾驶汽车、物联网设备和虚拟现实 / 增强现实应用。目前，5G 基站已覆盖全国所有地级以上城市市区、超过 98% 的县区以及 80% 的乡镇镇区，建成了全球规模最大、技术最先进的 5G 独立组网网络。并且，在专利占有部分，我国拥有华为和中兴这两家通信巨头企业以及中国电信研究院、大唐通信等企业，合计占据 33.31% 的 5G 必要专利比例，全面领先的技术优势，让中国在发力 5G 网络方面有着绝对领先的优势。

5. 蓝牙

蓝牙是一种应用近距离无线通信技术的传感器设备，在没有互联网的情况下，可实现不同设备之间的通信，实现资源共享，具有方便快捷、低成本、低功耗等优点。目前，日常生活中的蓝牙可以实现汽车蓝牙防盗、数控机床无线监控、医疗诊断结果输送等。早期的微信小程序并不具备蓝牙连接功能，直到 Android 端微信 6.5.7、iOS 端微信 6.5.6 开始支持蓝牙程序。常用的蓝牙操作方法见表 5-15。

表 5-15　蓝牙操作方法

方法	描述
wx.openBluetoothAdapter()	初始化蓝牙
wx.getBluetoothAdapterState()	获取本机蓝牙适配器状态
wx.startBluetoothDevicesDiscovery()	开启蓝牙搜索
wx.stopBluetoothDevicesDiscovery()	停止蓝牙搜索
wx.getBluetoothDevices()	获取搜索到的所有蓝牙
wx.createBLEConnection()	连接蓝牙
wx.closeBLEConnection()	断开蓝牙连接
wx.getBLEDeviceServices()	获取蓝牙设备的所有 service 服务

上述方法均包含 success、fail、complete 3 个常用的方法参数。其中，wx.startBluetooth-

DevicesDiscovery() 方法在搜索蓝牙时,会耗费大量的系统资源,需调用 wx.stopBluetoothDevicesDiscovery() 方法停止搜索,在使用时,除了常用参数外,还包含的参数见表 5-16。

表 5-16　wx.startBluetoothDevicesDiscovery() 方法参数

参数	说明
services	蓝牙所在设备的 UUID 列表
allowDuplicatesKey	是否允许重复上报同一设备
interval	上报设备的时间间隔,单位为 ms
powerLevel	扫描模式,参数值有: low:低 medium:中 high:高

wx.createBLEConnection() 方法在连接已搜索并建立连接的蓝牙时,可通过 deviceId 直接连接,而不需要重复搜索,除了常用参数外,包含参数见表 5-17。

表 5-17　wx.createBLEConnection() 方法参数

参数	说明
deviceId	蓝牙设备 id
timeout	超时时间,单位为 ms

而 wx.closeBLEConnection() 方法和 wx.getBLEDeviceServices() 方法在使用时基本相同,只需提供 deviceId 即可实现蓝牙的断开与蓝牙服务的获取。

在微信小程序中集成蓝牙功能,效果如图 5-9 至图 5-11 所示。

图 5-9　初始化页面图

图 5-10　扫描后的蓝牙列表

图 5-11 蓝牙操作

为了实现图 5-9 至图 5-11 效果，代码 CORE0511、CORE0512 如下所示。

代码 CORE0511：Bluetooth.wxml
<button type="primary" class="button" bindtap="openBluetoothAdapter"> 初始化蓝牙 </button> 　　<button type="primary" class="button" bindtap="getBluetoothAdapterState"> 获取蓝牙状态 </button> 　　<button type="primary" class="button" bindtap="startBluetoothDevicesDiscovery"> 搜索周边设备 </button> 　　<button type="primary" class="button" bindtap="getBluetoothDevices"> 获取所有设备 </button>

```
<block wx:for="{{devices}}" wx:key="{{test}}">
    <button type="primary" class="button" id="{{item.deviceId}}" style='background-color:red' bindtap="createBLEConnection"> 连接 {{item.name}}</button>
</block>
<button type="primary" class="button" bindtap="stopBluetoothDevicesDiscovery"> 停止搜索周边蓝牙设备 </button>
<button type="primary" class="button" bindtap="getBLEDeviceServices"> 获取所有 service</button>
<button type="primary" class="button" bindtap="closeBLEConnection"> 断开蓝牙设备 </button>
```

代码 CORE0512：Bluetooth.js

```
Page({
  data:{
    connectedDeviceId:""
  },
  openBluetoothAdapter:function(){
    wx.openBluetoothAdapter({
      success: function () {
        console.log(' 初始化蓝牙适配器成功 ')
      },
      fail: function () {
        console.log(' 请打开蓝牙和定位功能 ')
      }
    })
  },
  getBluetoothAdapterState:function(){
    wx.getBluetoothAdapterState({
      success: function (res) {
        console.log(JSON.stringify(res.errMsg) +"\n 蓝牙是否可用：" + res.available)
      },
      fail: function (res) {
        console.log(JSON.stringify(res.errMsg) +"\n 蓝牙是否可用：" + false)
      }
    })
  },
  startBluetoothDevicesDiscovery:function(){
    wx.startBluetoothDevicesDiscovery({
```

```
            success: function (res) {
                console.log(" 搜索设备 " + JSON.stringify(res))
            }
        })
    },
    getBluetoothDevices:function(){
        var that=this
        wx.getBluetoothDevices({
            success: function (res) {
                console.log(" 设备列表 \n" + JSON.stringify(res.devices))
                console.log(res.devices)
                that.setData({
                    devices: res.devices
                })
            }
        })
    },
    createBLEConnection:function(e:any){
        var that = this;
        wx.createBLEConnection({
            deviceId: e.currentTarget.id,
            success: function (res) {
                console.log("MAC 地址:" + e.currentTarget.id   +' 调试信息:' + res.errMsg)
                that.setData({
                    connectedDeviceId: e.currentTarget.id,
                })
            },
            fail: function () {
                console.log(" 连接失败 ")
            },
        })
    },
    stopBluetoothDevicesDiscovery:function(){
        wx.stopBluetoothDevicesDiscovery({
            success: function (res) {
                console.log(" 停止搜索 "   + JSON.stringify(res.errMsg))
            }
        })
```

```
        },
        getBLEDeviceServices:function(){
            var that = this;
            wx.getBLEDeviceServices({
                // deviceId 需从 getBluetoothDevices 接口中获取
                deviceId: that.data.connectedDeviceId,
                success: function (res) {
                    console.log(JSON.stringify(res.services))
                    that.setData({
                        services: res.services
                    })
                }
            })
        },
        closeBLEConnection:function(){
            var that = this;
            wx.closeBLEConnection({
                deviceId: that.data.connectedDeviceId,
                success: function (res) {
                    console.log('断开蓝牙设备成功:'+ res.errMsg)
                    that.setData({
                        connectedDeviceId: ""
                    })
                },
                fail:function(res){
                    console.log('断开蓝牙设备失败:'+ res.errMsg)
                }
            })
        }
    })
```

技能点三 开放接口

1. 用户信息

在微信小程序中,用户信息指的是进入当前小程序的微信用户的相关信息,包括用户的昵称、头像及所在地区等。获取用户信息的方法是在函数中调用 wx.getUserProfile(OB-

JECT)方法,用户信息可在调用成功后执行的success函数的uscrInfo参数中获取。需要注意的是,如果小程序未被授予信息权限,就会弹出一个申请授权的弹出框,选择"允许"后就可以获取用户信息。并且,wx.getUserProfile(OBJECT)方法在使用时,只能使用在点击事件中,wx.getUserProfile(OBJECT)方法获取的信息参数见表5-18。

表 5-18　wx.getUserProfile()方法参数

参数	描述
lang	用于显示用户信息的语言,参数值有: en:英文,默认值 zh_CN:简体中文 zh_TW:繁体中文
desc	声明获取用户个人信息后的用途,不超过30个字符
success	成功时触发的函数
fail	失败时触发的函数
complete	结束时触发的函数

其中,success对应的回调函数返回内容见表5-19。

表 5-19　对象属性

属性	描述
cloudID	敏感数据对应的云ID,开通云开发的小程序才会返回
encryptedData	包括敏感数据在内的完整用户信息的加密数据
errMsg	错误信息
iv	加密算法的初始向量
rawData	不包括敏感信息的原始数据字符串
signature	使用sha1(rawData+sessionkey)得到字符串,用于校验用户信息
userInfo	用户信息,其中: avatarUrl:用户头像路径 city:城市 country:国家 gender:性别,0:未知、1:男、2:女 language:语言 nickName:昵称 province:省份

获取用户信息效果如图5-12、图5-13和图5-14所示。

项目五　微信小程序开放 API

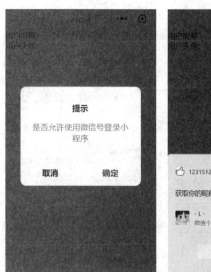

图 5-12　提示信息　　　　图 5-13　权限设置　　　　图 5-14　获取信息

为了实现图 5-12 至图 5-14 所示效果，代码 CORE0513、CORE0514 如下所示。

代码 CORE0513：userInfo.html

<view> 用户昵称：{{userInfo.nickName}}</view>
<view style='display:flex'>
　<view> 用户头像 :</view>
　<image style="width:50px;height:50px;display:inline-block" src="{{userInfo.avatarUrl}}"/>
</view>

代码 CORE0514：userInfo.js

```
Page({
  data: {
    userInfo: {}
  },
  onLoad() {
    var that=this
    wx.showModal({
      title: ' 提示 ',
      content: ' 是否允许使用微信号登录小程序 ',
      success (res) {
        if (res.confirm) {
          // 获取用户信息
          wx.getUserProfile({
            // 声明获取用户个人信息后的用途,后续会展示在弹窗中,请谨慎填写
```

```
                    desc: '用于完善会员资料',
                    success: (res) => {
                      console.log(res)
                      that.setData({
                        userInfo: res.userInfo
                      })
                    }
                  })
                } else if (res.cancel) {
                  // 退出微信小程序
                  wx.exitMiniProgram({success: () => {}})
                }
              }
            })
          }
        })
```

2. 登录

小程序的开发与手机软件的开发略有不同,小程序可以直接调用微信的登录账号进行验证登录,而不需要再使用其他的账号密码登录,从而减少了开发者的工作量。调用微信登录方法 wx.login(object),可以获取唯一标识符以及成功时返回的参数。wx.login(object) 方法包含参数见表 5-20。

表 5-20　wx.login() 方法参数

参数	描述
timeout	超时时间,单位为 ms
success	成功时触发的函数,会返回 code 属性,表示用户登录凭证(有效期 5 min),开发者需要在开发者服务器后台调用 auth.code2Session,使用 code 换取 openid、unionid、session_key 等信息
fail	失败时触发的函数
complete	结束时触发的函数

wx.login(object) 方法获取到的登录状态是有时效性的,当用户一段时间不使用小程序,用户的登录状态可能失效,而为了减少登录次数,小程序提供了 wx.checkSession(object) 方法用于检测用户的登录状态,如果登录状态过期,将重新进行登录。wx.checkSession(object) 方法的参数与 wx.login(object) 方法相比,不包含 timeout 参数。

使用 wx.login(object) 和 wx.checkSession(object) 方法实现登录状态的获取以及登录的效果,如图 5-15 和图 5-16 所示。

图 5-15 获取登录状态

图 5-16 点击确定登录

为了实现图 5-15 和图 5-16 所示的效果,代码 CORE0515、CORE0516 如下所示。

代码 CORE0515:login.wxml

\<view\> 登录状态:{{text}}\</view\>

代码 CORE0516:login.js

```
Page({
  data: {
    text: ""
  },
  onLoad: function () {
    var that = this;
    wx.checkSession({
      success: function () {
        //session 未过期,并且在本生命周期一直有效
        console.log(" 已登录 ")
        that.setData({
          text:" 已登录 "
        })
      },
      fail: function () {
        // 登录态过期
        console.log(" 未登录 ")
        that.setData({
          text:" 未登录 "
        })
        wx.showModal({
```

```
              title: ' 未登录 ',
              content: ' 是否使用微信号登录小程序 ',
              success (res) {
                if (res.confirm) {
                  // 重新登录
                  wx.login({
                    success(){
                      that.setData({
                        text:" 已登录 "
                      })
                    }
                  })
                } else if (res.cancel) {
                  // 退出微信小程序
                  wx.exitMiniProgram({success: () => {}})
                }
              }
            })
          }
        })
      }
    })
```

3. 授权

权限管理在微信小程序的开发中极为重要，根据系统的安全规则或策略，通过授予不同的权限保证使用者的信息安全。目前，微信小程序可以通过 wx.authorize(Object object) 方法主动触发授权请求弹窗，在征得用户的允许后，即可使用指定功能或实现用户数据的获取；如果用户在之前已经进行过授权操作，则不会触发请求弹窗，wx.authorize(Object object) 方法包含参数见表 5-21。

表 5-21 wx.authorize() 方法参数

参数	描述
scope	权限，常用属性值有： scope.userLocation：精确地理位置 scope.userFuzzyLocation：模糊地理位置 scope.record：麦克风 scope.camera：摄像头 scope.bluetooth：蓝牙 scope.userInfo：用户信息

续表

参数	描述
success	成功时触发的函数
fail	失败时触发的函数
complete	结束时触发的函数

在进行授权之前,可通过 wx.getSetting() 方法查询用户的当前设置,以查询用户授权的相关权限,之后在查询成功后,将用户授权结果包含在 authSetting 属性中返回,将用户订阅消息设置信息包含在 subscriptionsSetting 属性中返回,wx.getSetting() 方法包含参数见表 5-22。

表 5-22 wx.getSetting() 方法参数

参数	描述
withSubscriptions	是否同时获取用户订阅消息的订阅状态,默认不获取
success	成功时触发的函数
fail	失败时触发的函数
complete	结束时触发的函数

查看权限并进行授权操作的效果如图 5-17 所示。

图 5-17 授权

为了实现图 5-17 所示的效果,代码 CORE0517 如下所示。

代码 CORE0517：authorize.js

```
Page({
  onLoad() {
    // 获取当前权限
    wx.getSetting({
      success(res) {
        // 判断权限是否被允许
        if (!res.authSetting['scope.userLocation']) {
          // 触发权限设置
          wx.authorize({
            scope: 'scope.userLocation',
            success () {
              // 用户已经同意小程序使用定位功能，
              // 后续调用 wx.getLocation 接口不会弹窗询问
              wx.getLocation({
                type: 'wgs84',
                success (res) {
                  console.log(res)
                }
              })
            }
          })
        }
      }
    })
  }
})
```

4. 设置

在微信小程序中，除了使用 wx.getSetting() 方法能够查询用户的当前设置外，还提供了一个 wx.openSetting() 方法，能够进入客户端小程序设置界面，并将用户设置的操作结果返回，wx.openSetting() 方法包含参数见表 5-23。

表 5-23 wx.openSetting() 方法参数

参数	描述
withSubscriptions	是否同时获取用户订阅消息的订阅状态，默认不获取
success	成功时触发的函数，其中： authSetting：用户授权结果 subscriptionsSetting：用户订阅消息设置信息

参数	描述
fail	失败时触发的函数
complete	结束时触发的函数

查看权限并进行授权操作的效果如图 5-18 和图 5-19 所示。

图 5-18　初始化页面　　　　　　图 5-19　小程序设置界面

为了实现图 5-18 和图 5-19 所示的效果，代码 CORE0518、CORE0519 如下所示。

代码 CORE0518：openSetting.wxml

```
<button bindtap="openSetting"> 设置 </button>
```

代码 CORE0519：openSetting.js

```
Page({
  openSetting:function(){
    wx.openSetting({
      withSubscriptions:true,
      success (res) {
        console.log(res)
      }
    })
  }
})
```

5. 转发

在很多软件中可以通过网络以各种形式转发文件、图片、网页链接等。目前，微信小程序有两种实现分享功能的方式，第一种是依赖 page.onShareAppMessage(options) 函数，options 包含参数见表 5-24。

表 5-24　options 包含参数

参数	描述
from	事件来源（button 转发按钮，menu 转发菜单）
target	如果 from 属性值为 button，转发事件被 target 触发

另外，设置转发内容需要用到 return，最后在小程序右上角选择分享即可，return 包含的属性见表 5-25。

表 5-25　return 包含属性

属性	描述
title	标题
path	页面路径
imageUrl	图片路径
success	成功时触发
fail	失败时触发
complete	结束时触发

除了使用默认的分享按钮外，还可以通过在 button 组件中将 open-type 属性设置为 "share" 实现点击按钮触发 onShareAppMessage(options) 函数实现分享功能，使用 page.onShareAppMessage(options) 实现转发功能的效果如图 5-20 所示。

图 5-20　转发效果

为了实现图 5-20 所示的效果，代码 CORE0520、CORE0521 如下所示。

代码 CORE0520：share.wxml
`<button open-type="share">` 分享 `</button>`

代码 CORE0521：index.js

```
Page({
  onShareAppMessage: function (res) {
    if (res.from === 'menu') {
      // 来自页面内转发按钮
      console.log(res.target)
    }else if(res.from === 'button'){
      return {
        title: ' 欢迎来到小程序 ',
        path: '/page/index',
      }
    }
  }
})
```

读者通过上面的学习，了解了微信小程序开发 API 的相关知识，包括位置获取、设备使用以及用户信息获取等，通过以下几个步骤，完成"古物图鉴"项目文物模块制作。

第一步：文物主界面制作

文物主界面也是文物分类界面，通过列表的方式展示了文物的不同类别信息，包括文物的类别名称、图片以及该类别包含文物的数量，在制作时，同样需要按照层次结构进行，最底层是颜色不同的背景，最外层则按照上中下的方式依次展示类别信息，最上面是类别图片，在设置时需要让其撑满整个宽度，而高度则按比例缩放，并垂直居中展示；中间是类别名称，需让其水平居中并设置文字的大小和粗细程度；最后是文物的数量，同样需要设置文本样式并居中显示，并且需要注意其与类别名称的距离；代码 CORE0522~CORE0524 如下，WXSS 代码需自行定义。

代码 CORE0522：storehouse.json

```
{
  "navigationStyle": "custom",
  "usingComponents": {}
}
```

代码 CORE0523：storehouse.wxml

```xml
<view id="title" style="padding-top: {{statusBarHeight}}px;">
  <text> 文物典藏 </text>
    <image src="../../images/index_search.png" bindtap="gosearch"></image>
</view>
<view id="type" style="width:{{screenWidth}}px; top: {{statusBarHeight+44}}px;;">
  <dl wx:for="{{typelist}}" wx:for-index="indexlist" data-index="{{indexlist}}"
 style="background: {{item.color}};width:{{screenWidth/2-5}}px;" bindtap="goantique">
      <view style="width:{{screenWidth/2-15}}px;">
       <dt>
          <image src="{{item.url}}" style="width:{{screenWidth/2-15}}px;" mode="widthFix"></image>
        </dt>
      </view>
      <dd class="name">{{item.name}}</dd>
      <dd class="num"> 共 {{item.num}} 件 </dd>
    </dl>
</view>
```

代码 CORE0524：storehouse.js

```javascript
Page({
  data: {
    typelist:[
      {
        name:" 绘画 ",
        url:"http://120.92.122.253:39001/files/calligraphy.png",
        num:1000,
        color:""
      },
      // 其他项内容与上述结构相同
    ]
  },
  getColor() {    // 随机生成颜色
    var letter = "0123456789ABCDEF";
    var color = "#";
    for (var i = 0; i < 6; i++) {
      color = color + letter[Math.floor(Math.random() * 16)]
    }
```

```
      return color;
  },
  onLoad(){
    var that=this
    wx.getSystemInfo({  // 获取屏幕数据
      success: res => {
        that.setData({
          statusBarHeight:res.statusBarHeight,
          screenWidth:res.screenWidth-32
        })
      }
    })
    for(var i=0;i<that.data.typelist.length;i++){
      var color = "typelist[" + i + "].color";
      that.setData({
        [color]: that.getColor()
      });
    }
  },
  gosearch:function(){    // 跳转至搜索界面
    wx.navigateTo({
      url: '../search/search',
    })
  },
  goantique:function(e){    // 跳转至文物列表界面
    var index = e.currentTarget.dataset.index;
    wx.navigateTo({
      url: '../antique/antique?key=storehouse&id='+index,
    })
  },
})
```

效果如图 5-21 所示。

图 5-21 文物分类

第二步：文物列表界面制作

点击指定的文物类别即可跳转至文物列表界面，在该界面中，包含文物搜索和文物展示两个部分，文物搜索由搜索图标、单行输入框以及筛选按钮组成，其中，搜索图标、单行输入框被包含在同一组件中，只需设置图标的大小、位置、输入框的大小以及提示文字等内容，并在最外层设置边框以及圆角即可，样式的设置与藏馆界面搜索区域相同，在设置时引入 museum.wxss 文件即可；而文物展示部分包含文物图片、名称的展示，并通过瀑布流的方式将所有数据分为两列并按列的高度进行填充，样式与搜索界面中文物的展示基本相同；代码 CORE0525~CORE0527 如下，WXSS 代码需自行定义。

代码 CORE0525：antique.json

```
{
  "navigationBarBackgroundColor": "#7d0101",
  "navigationBarTextStyle": "white",
  "navigationBarTitleText": " 文物列表 "
}
```

代码 CORE0526：antique.wxml

```html
<view id="header">
  <view class="search" style="width: {{screenWidth-50}}px;">
    <image src="../../images/search.png"></image>
    <input type="text" placeholder=" 请输入要搜索的内容 " style="width: {{screenWidth-158}}px;" confirm-type="search" bindconfirm="getsearch" bindinput="formSubmit" />
  </view>
  <text bindtap="search"> 筛选 </text>
</view>
<view class="container" style="width: {{screenWidth}}px;margin: 0 auto;">
  <view class="picture" style="width: {{screenWidth}}px;">
    <view wx:for="{{ antiquelist }}" style="width: {{screenWidth/2-5}}px;" wx:for-index="indexlist" data-index="{{indexlist}}" bindtap="goantiquedetail">
      <view class="item" style="width: {{screenWidth/2-5}}px;">
        <view style="width: {{screenWidth/2-5}}px;">
          <image lazy-load mode="widthFix" src="{{ item.url }}" style="width: {{screenWidth/2-5}}px;" />
        </view>
        <view class="text-center" style="width: {{screenWidth/2-15}}px;">{{ item.name }}</view>
      </view>
    </view>
  </view>
</view>
```

代码 CORE0527：antique.js

```js
Page({
  data: {
    antiquelist:[
      {
        name: '《寒林楼观图》',
        url: 'http://120.92.122.253:39001/files/imgUrls(1).png'
      },
      // 其他项内容与上述结构相同
    ],
  },
  onLoad(option){
    console.log(option.key)      // 获取传递数据
```

```
      console.log(option.id)      // 获取传递数据
      var that=this
      wx.getSystemInfo({      // 获取屏幕数据
        success: res => {
          that.setData({
            screenWidth:res.screenWidth-40,
            windowHeight:res.windowHeight
          })
        }
      })
    },
    formSubmit:function(e){      // 点击键盘右下角搜索按钮触发
      this.setData({
        value:e.detail.value
      })
    },
    search:function(e){
      console.log(this.data.value)
    },
    getsearch:function(e){
      console.log(e.detail.value)
    },
    goantiquedetail:function(e){      // 点击指定文物跳转至文物详情界面并传递下标
      wx.navigateTo({
        url: '../antiquedetail/antiquedetail?id='+e.currentTarget.dataset.index,
      })
    }
  })
```

效果如图5-22所示。

第三步：文物详情界面制作

点击指定的文物即可跳转至文物详情界面进行该文物详细信息的查看，文物详情界面包含了可预览的文物图片、可查看的文物介绍以及功能设置区域。其中，文物图片以轮播图组件进行展示，需对图片的大小以及整个区域的位置进行调整，并添加预览功能；文物介绍部分则隐藏在屏幕的下方，当点击上拉按钮时，文物介绍部分向上移动至指定的位置，并可通过点击下拉按钮返回初始位置，并且需要为介绍内容所在区域设置具体高度，当内容超出后显示X轴滚动条，通过上下滑动查看内容；最后是功能设置区域，该区域需通过定位的方式将其定位在屏幕的右下角，并存在一定的距离，并且，当前区域使用button组件包裹，由图标图片和透明背景组成，图标图片只需处于中部居中，并在下方设置透明度即可，多个功能纵向排列。另外,当音频处于播放状态时,会显示暂停图标并旋转;当点击视频播放时,会跳转至 video 视频播放界面;点击收藏会切换图标路径以表示已收藏;最后点击分享即可将当前文本信息推荐到微信。代码 CORE0528~CORE0530 如下,WXSS 代码需自行定义。

图 5-22　文物列表

代码 CORE0528:antiquedetail.json

```
{
    "navigationStyle": "custom"
}
```

代码 CORE0529:antiquedetail.wxml

```
<!-- 返回上一页按钮 -->
<image src="../../images/left.png" class="back" style="top: {{statusBarHeight+10}}px;" bindtap="goback"></image>
<!-- 轮播图展示文物图片 -->
<swiper circular="true" id="mainpic" bindchange="change" style="height: {{windowHeight-150}}px;">
```

```
            <swiper-item wx:for="{{imgUrls}}" wx:key="{{index}}" style="display: flex;flex-direction: column;align-items: center;justify-content: center;">
                <image id="{{index}}" src="{{item.url}}" class="slide-image" mode="widthFix" bindtap='previewImage'></image>
            </swiper-item>
        </swiper>
        <!-- 下拉按钮设置 -->
        <view class="extend" bindtap="goanimation">
            <view hidden="{{!isshow}}" style="overflow: hidden;">
                <image src="../../images/double-up.png" style="width: 30px;height: 30px;"></image>
            </view>
        </view>


        <view id="detail" style="background: white;height: {{windowHeight-200}}px;top: {{windowHeight}}px;position: fixed;border-top-left-radius: 20px;border-top-right-radius: 20px;width: 100%;" animation="{{animationData}}">
            <!-- 上拉按钮设置 -->
            <view class="extend" bindtap="gobackanimation">
                <view hidden="{{isshow}}">
                    <image src="../../images/double-down.png" style="width: 30px;height: 30px;"></image>
                </view>
            </view>


            <view class="content" style="width: {{screenWidth}}px;height: {{windowHeight-230}}px;margin: 0 auto;padding-bottom: 20px;overflow-x: auto;">
                <view class="name"> 秦阳陵虎符 </view>
                <view class="title"> 藏品信息 </view>
                <view class="infomation">
                    <text> 年代:秦 </text>
                    <text> 类别:青铜器 </text>
                    <text> 尺寸:长 8.9 厘米,宽 2.1 厘米,高 3.4 厘米 </text>
                    <text> 藏址:中国国家博物馆 </text>
                </view>
                <view class="title"> 藏品简介 </view>
                <text class="text"> 秦阳陵虎符,秦代青铜器,是秦始皇颁发给阳陵守将使用的兵符,相传于山东省枣庄市临城出土,现藏于中国国家博物馆。
```

呈卧虎状,可中分为二,虎的左、右颈背各有相同的错金篆书铭文 12 字:"甲兵之符,右在皇帝,左在阳陵。"由于年代久远,对合处已经锈死,不能分开。
```
      </text>
    </view>
  </view>
  <!-- 功能图标设置 -->
  <view id="footer">
    <button>
      <image hidden="{{isvoice}}" src="../../images/voice.png" bindtap="voice"></image>
      <image class="pause" hidden="{{ispause}}" src="../../images/pause.png" bindtap="pausevoice"></image>
      <image hidden="{{isplay}}" src="../../images/play.png" bindtap="playvoice"></image>
      <text></text>
    </button>
    <button>
      <image src="../../images/video.png" bindtap="govideo"></image>
      <text></text>
    </button>
    <button>
      <image src="{{collect}}" bindtap="collectswitch"></image>
      <text></text>
    </button>
    <button open-type="share">
      <image src="../../images/antiqueshare.png"></image>
      <text></text>
    </button>
  </view>
```

代码 CORE0530:antiquedetail.js

```
// 创建 InnerAudioContext 对象
const innerAudioContext = wx.createInnerAudioContext({
  useWebAudioImplement: false
})
Page({
  data: {
    imgUrls: [
```

```
          {
              url: 'http://120.92.122.253:39001/files/Tigeramulet(1).jpg'
          },
          {
              url: 'http://120.92.122.253:39001/files/Tigeramulet(2).jpg'
          }
      ],
      index:1,
      collect:"../../images/like.png",   // 收藏按钮替换
      iscollect:true,
      isshow:true,
      isvoice:false,
      isplay:true,
      ispause:true
  },
  onLoad(option){
      // 判断当前接收到的 share
      if(option.isshare=="true"){
          this.setData({
              isshare:true
          })
      }else{
          this.setData({
              isshare:false
          })
      }
      this.setData({
          length:this.data.imgUrls.length,   // 个数统计
          name:" 秦阳陵虎符 ",
          url:"http://120.92.122.253:39001/files/imgUrls(2).png",
          id:1
      })
      var that=this
      wx.getSystemInfo({
          success: res => {
              that.setData({
                  screenWidth:res.screenWidth-32,
                  windowHeight:res.windowHeight,
```

```
            statusBarHeight:res.statusBarHeight
        })
      }
    })
    // 加载音频路径
    innerAudioContext.src = 'http://120.92.122.253:39001/files/Tigeramulet.mp3';
},
goback:function(){      // 动画设置，通过 isshare 值进行判断
    if(this.data.isshare){
      wx.switchTab({
        url: '../mine/mine',
      })
    }else{
      wx.navigateBack({
        delta: 0,
      })
    }
},
// 图片预览
previewImage: function (e) {
    var list=[]
    // 遍历选择的图片
    for(var i=0;i<this.data.imgUrls.length;i++){
      list[i]=this.data.imgUrls[i].url
    }
    // 获取预览图片的下标
    console.log(e)
    var inde = parseInt(e.currentTarget.id, 10)
    wx.previewImage({
      current: this.data.imgUrls[inde].url, // 当前显示图片的 http 链接
      urls: list // 需要预览的图片 http 链接列表
    })
},
collectswitch:function(){
    if(this.data.iscollect){
      this.setData({
        collect:"../../images/selectlike.png",
```

```
                    iscollect:false
                })
            }else{
                this.setData({
                    collect:"../../images/like.png",
                    iscollect:true
                })
            }
        },
        goanimation(){
            console.log("goanimation")
            var animation = wx.createAnimation({      // 创建动画实例
                duration: 200,        // 动画时间
                timingFunction: 'ease',       // 动画效果
            })
            // 移动
            animation.height(this.data.windowHeight-200).top(200).step({ duration: 200 })
            this.setData({
                animationData:animation.export(),    // 导出动画队列并执行
                isshow:false
            })
        },
        gobackanimation(){
            console.log("gobackanimation")
            var animation = wx.createAnimation({
                duration: 300,
                timingFunction: 'ease',
            })
            animation.top(this.data.windowHeight).height(this.data.windowHeight-200).step({ duration: 300 })
            this.setData({
                animationData:animation.export(),
                isshow:true
            })
        },
        animation:function(){     // 初始化动画方法，并通过 isshow 值进行判断
            if(this.data.isshow){
                this.goanimation()
```

```
    }else{
        this.gobackanimation()
    }
},
animationextend:function(){
    console.log("gobackanimation")
    var animation = wx.createAnimation({
        duration: 2000,
        timingFunction: 'ease',
    })
    animation.translateY(-30).step({ duration: 2000 })
    this.setData({
        animationextend:animation.export(),
    })
},
voice:function(){
    innerAudioContext.play() // 播放
    this.setData({
        isvoice:true,
        ispause:false,
        isplay:true
    })
},
pausevoice:function(){
    innerAudioContext.pause() // 暂停
    this.setData({
        isvoice:true,
        ispause:true,
        isplay:false
    })
},
playvoice:function(){
    innerAudioContext.play() // 播放
    this.setData({
        isvoice:true,
        ispause:false,
        isplay:true
    })
```

```
        },
        govideo:function(){ // 回前一页
           wx.navigateTo({
              url: '../video/video?id='+1,
           })
        },
        onShareAppMessage(res) {
           return {
              title: this.data.name,
              path: '/pages/antiquedetail/antiquedetail?id='+this.data.id+'&isshare=true',
              imageUrl: this.data.url
           }
        },
     })
```

效果如图 5-23、图 5-24 和图 5-25 所示。

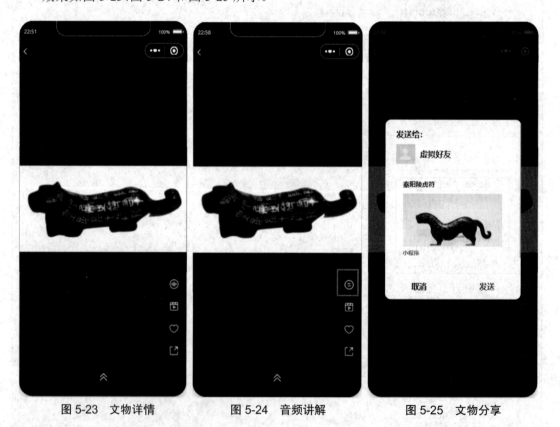

图 5-23　文物详情　　　　图 5-24　音频讲解　　　　图 5-25　文物分享

在本项目中，读者通过学习小程序开放 API 的相关知识，对位置获取、设备调用等相关知识有所了解，对用户信息获取、权限控制、分享转发等功能的实现有所了解并掌握，并能够通过所学的微信小程序开放 API 知识实现文物模块制作。

map	地图	speed	速度
accuracy	精确	altitude	海拔高度
charSet	字符集	services	服务

1. 选择题

（1）下面哪一个是获取当前位置信息的方法（　　）。
A. wx.chooseLocation　　　　　　B. wx.openLocation
C. wx.createMapContext　　　　　D. wx.getLocation

（2）微信小程序中实现扫一扫功能的相关接口为（　　）。
A. wx.showActionSheet　　　　　 B. wx.showModal
C. wx.uploadFile　　　　　　　　D. wx.scanCode

（3）在获取用户信息时若要返回简体中文的用户信息，需要将 lang 参数设置为（　　）。
A. en　　　　B. zh_CN　　　　C. zh_TW　　　　D. ge

（4）使用 wx.getSystemInfo 能获取到的设备信息不包括（　　）。
A. 设备品牌与型号　　　　　　　B. 像素比
C. 微信的语言与版本号　　　　　D. 连接的网络类型

（5）在使用 wx.authorize() 方法设置权限时，可选属性值中表示麦克风的是（　　）。
A. scope.record　　　　　　　　B. scope.camera
C. scope.bluetooth　　　　　　　D. scope.userInfo

2. 简答题

获取到用户信息同时渲染到页面，并保存到本地存储空间中。

项目六　微信小程序调试与发布

读者通过对微信小程序调试与发布知识的学习,了解微信小程序的调试流程,熟悉微信小程序的发布操作,掌握在公众号中发布微信小程序的流程,具有独立发布微信小程序的能力。

技能目标:
- 独立完成微信小程序的开发测试任务;
- 熟悉微信小程序的编译流程;
- 熟悉微信小程序版本提交审核流程;
- 熟悉微信小程序的发布流程。

素养目标:
- 理解调试的概念,养成分析解决问题的能力;
- 熟悉工具的使用和微信小程序的发布要求,培养踏实稳重、一丝不苟的职业素养;
- 引导学生树立科技兴国的志向,培养爱国情怀。

项目六　微信小程序调试与发布

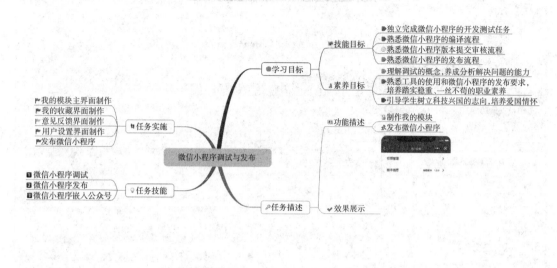

【情境导入】

在常见的 APP 中，都会有类似于个人中心的模块，这种模块是为了用户能够更方便地操作、浏览自己的相关信息。因此，在项目中添加我的模块是非常重要的。在我的模块中，用户能够方便、快速地找到自己收藏的物品、个人信息、权限设置信息以及登录状态等。另外，微信小程序在编写完成后，只能由开发者通过扫描二维码在设备上预览，若要让其他用户搜索并使用到小程序项目，还需要上传、审核、发布的过程。本项目通过对小程序调试工具使用以及发布流程的讲解，实现微信小程序我的模块的制作并在完成小程序开发后发布。

【功能描述】

- 制作我的模块；
- 发布微信小程序。

【效果展示】

读者通过对本项目的学习，了解微信小程序调试工具、微信小程序发布流程，能够完成微信小程序我的模块的制作以及微信小程序发布,效果如图 6-1 所示。

图 6-1　效果图

技能点一　微信小程序调试

微信小程序开发完成后,开发者可以借助 vConsole 工具、真机调试工具、Errno 错误码等进行调试。

1.vConsole 工具

通过 vConsole 工具,可以在手机上查看 console API 输出的日志内容和额外的调试信息,以查看错误以及小程序的体验是否良好。只需点击"预览"按钮即可生成小程序预览的二维码,这是小程序发布不可或缺的步骤,这时,小程序的本地代码会被打包并上传,如图 6-2 所示。

项目六 微信小程序调试与发布　207

图 6-2　小程序预览二维码

注意：想要实现小程序的预览，创建项目时必须填入开发者的 AppID。

之后使用微信扫描预览之后出现的二维码进入小程序，等待加载完成后，就可以使用小程序了，效果如图 6-3 所示。

图 6-3　移动端调试打开效果图

最后，点击"vConsole"按钮出现控制台，可以查看 console 打印出的信息，效果如图 6-4 所示。

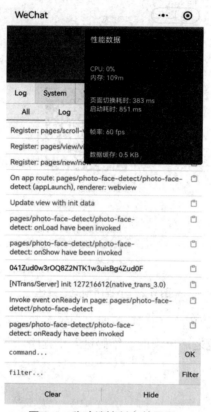

图 6-4　移动端控制台效果图

但由于小程序的一些限制，在使用 vConsole 打印 console API 输出的日志内容时，会将其转换为 JSON 格式后传输给 vConsole，因此会存在内容的限制，如下：

● 只会对 Number、String、Boolean、null 等内容进行直接展示，其他类型的数据均会被转换为 Object；
● 内容为 Infinity 和 NaN 时会以 null 显示；
● 无法显示 undefined、ArrayBuffer、Function 等类型数据；
● 不能输出存在循环引用的对象。

2. 真机调试工具

除了 vConsole 工具，微信小程序中还可以通过真机调试工具，利用远程调试功能，通过网络进行连接，调试移动端运行的小程序项目，实现问题的定位与查找。与 vConsole 工具相比，真机调试工具所具有的功能更加全面，只需点击开发者工具的工具栏上的"真机调试"按钮，即可生成小程序真机调试的二维码，如图 6-5 所示。

图 6-5　小程序真机调试二维码

在生成二维码时,同样会对小程序的本地代码进行打包和上传处理。之后,只需使用微信扫描生成的二维码即可进入真机调试窗口,开始远程调试,效果如图 6-6 和图 6-7 所示。

图 6-6　移动端真机调试效果

图 6-7 远程调试窗口

目前,微信小程序的远程调试窗口包含 3 个部分,分别是调试器、信息视图以及结束调试按钮。

● 调试器

与微信开发者工具中包含的调试器功能基本相同,可以直接进行代码的调试,并查看 Storage 情况,不同之处在于,远程调试窗口中只提供部分的功能,如 Wxml、Console、Sources、Network、Storage、Appdata 等。

● 信息视图

信息视图区域则用于对移动设备和服务器连接的情况进行展示,可以分为手机信息展示和连接信息展示两个模块。其中,手机信息展示模块包含手机型号、运行系统、微信版本、基础库版本、往返时耗、连接方式以及周期性缓存;连接信息展示模块包含连接状态、服务状态、流量、压缩节省、收到信息、发出信息、发送效率、接收效率、等待发送以及未确认。

● 结束调试按钮

通过直接关闭远程调试窗口、点击关闭远程调试窗口中的"结束调试"按钮或移动端真机调试区域的"结束"按钮即可关闭真机调试功能。

默认情况下,微信开发者工具使用真机调试 1.0 进行远程连接调试,可在真机调试二维码下方,点击"切换真机调试 2.0"按钮应用新的真机调试模型。与真机调试 1.0 相比,真机调试 2.0 更接近真机效果,并支持移动端 Android 系统和 iOS 系统的选择,效果如图 6-8 和图 6-9 所示。

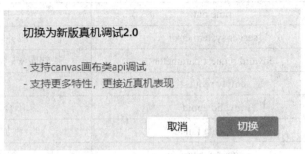

图 6-8　真机调试版本切换询问弹窗

图 6-9　小程序真机调试 2.0 二维码

3.Errno 错误码

在编写微信小程序时,抛出的错误异常中,除了带有 errMsg 错误信息外,还带有 Errno 错误码,能够快捷地排查小程序漏洞、定位问题。微信小程序中常用的错误码见表 6-1。

表 6-1　Errno 错误码

Errno	errMsg	描述
0	ok	成功
1	cancel	撤销
3	system permission denied	系统权限未授予微信

续表

Errno	errMsg	描述
4	internal error	小程序框架内部异常
5	time out	接口超时
1000	server system error	服务端系统错误
1001	invalid request parameter	基础库 wx 接口请求参数非法
1002	empty request	空的请求
1005	invalid appid	不合法的 appid
1006	insert data failed	添加数据失败
1007	get no data	数据不存在
1008	update data failed	更新数据失败
1009	data expired	数据过期
1010	data deleted	数据被删除
1011	invalid user id	不合法的用户身份
1015	invalid api	无效的接口
1022	invalid json	json 数据解析错误
100001	json parse error	json 解析错误
600000	unknown network error	未知的网络错误
600002	url not in domain list	url 域名不在安全域名列表中
600003	network interrupted error	网络中断
600009	invalid URL	URL 格式不合法
600010	invalid request data	请求的 data 序列化失败
602001	request system error	request 系统错误
603300	download save file error	保存文件出错
603301	exceed max file size	超出文件最大大小限制
603302	file data is empty	文件数据为空
603303	permission denied can not open file filepath	指定存储路径无权限
1505026	fail to connect wifi:time out	连接 WiFi 超时

课程思政：工匠精神，精益求精

在生活中我们不能漠视细节，因为细节孕育成功。现在生活节奏日益加快，社会分工越来越明确，细节显得更加重要。从某种意义上说，生活就是由一个个细节组成的，没有细节就没有生活。我们常常为没有重视某些细节而付出惨重的代价，我们也常常因为重视细节而成功。细节的背后是人生，是事业，是国家的荣誉。功以才成，业由才广。袁隆平的杂交神话，"神州六号"的美丽轨迹，无不是细节铸就的。生命因为有了细节，才充满了惊喜，人生因为注重细节,才成就美丽。细节是美的源泉,让一木一石现出光彩;细节是时间的圣使,使飘逝的化为永恒。让我们注重人生的每一个细节,去铸就生命的成功。

技能点二 微信小程序发布

微信小程序开发完成后,要想让更多的人了解和使用该小程序,那么需要对小程序进行发布,小程序的发布流程如下。

(1)在小程序发布之前,需要进行小程序预览,预览之后再进行发布。

(2)当小程序预览调试没有问题了,就可以选择将小程序上传到微信平台进行申请,可以点击开发工具中的上传按钮,之后弹出提示框,选择确认,效果如图6-10所示。

图 6-10 小程序开发工具上传按钮效果图

(3)当点击确认后弹出版本输入框和备注框,输入版本号和项目备注信息之后点击上传按钮弹出上传成功,说明小程序已经上传,效果如图6-11所示。

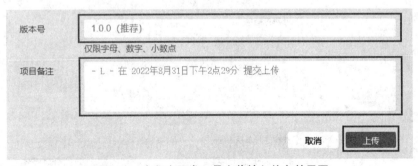

图 6-11 小程序开发工具上传输入信息效果图

(4)上传成功后,登录微信公众平台,点击开发管理进行查看,当看到开发版本部分有内容后就可以着手进行审核的提交,效果如图6-12所示。

图 6-12　小程序公众平台开发管理效果图

（5）在小程序提交审核之前需要补充信息和配置服务器域名，其中补充基本信息效果如图 6-13 所示。

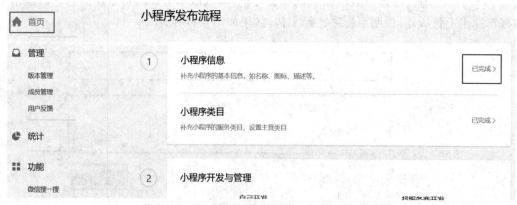

图 6-13　小程序公众平台信息补充提示效果图

当显示已完成时就不需要再进行补充，否则点击右侧方块区域进入信息界面进行信息补充，效果如图 6-14 所示。

项目六 微信小程序调试与发布 215

图 6-14 小程序公众平台信息补充效果图

在信息补充完毕之后,如果项目中用到了服务器,那么还需要进行服务器的配置,效果如图 6-15 所示。

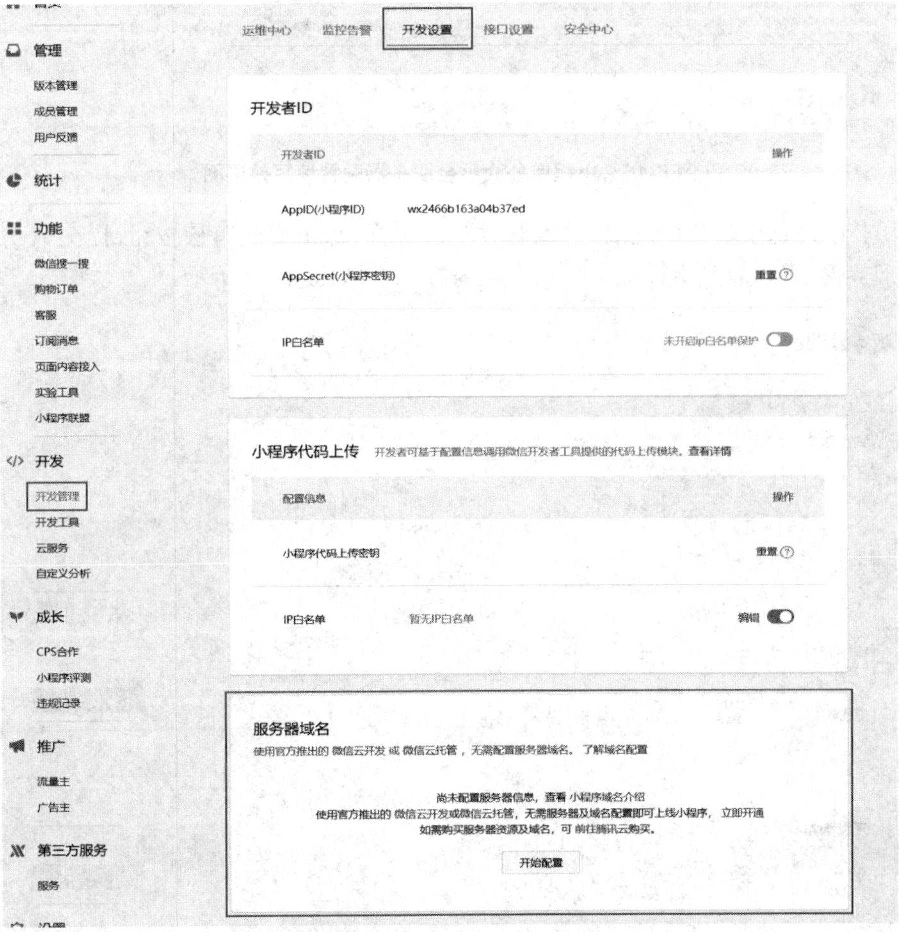

图 6-15 小程序公众平台服务器配置效果图

点击图中的开始配置按钮,弹出服务器配置界面,根据要求填写域名,服务器配置界面如图 6-16 所示。

图 6-16　小程序公众平台服务器配置填写效果图

（6）上述信息填写完成之后，进入开发管理界面，点击提交审核按钮，提交成功后进入版本管理界面，可以看到审核版本区域出现内容，效果如图 6-17 所示。

图 6-17　小程序公众平台开发版本审核提交后效果图

（7）耐心等待 2~3 个工作日，小程序审核通过后，进入开发管理界面进行小程序发布即可。

技能点三 微信小程序嵌入公众号

小程序除了可以发布在微信的小程序功能中,还可以绑定在微信公众号中供用户进行使用,接下来将说明如何在公众号中添加小程序。

(1)登录微信公众平台,选择"广告与服务"→"小程序管理"进入小程序管理界面,效果如图 6-18 所示。

图 6-18 登录公众平台效果图

(2)点击关联小程序并进行验证进入关联小程序界面,效果如图 6-19 所示。

图 6-19 小程序 AppID 搜索

（3）输入小程序的 AppID 并进行搜索，效果如图 6-20 所示。

图 6-20　关联小程序页面

（4）点击下一步，即可完成小程序的管理，之后就可以进行公众号的添加，效果如图 6-21 所示。

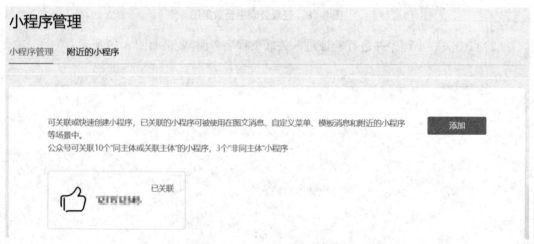

图 6-21　小程序关联成功页面

（5）点击自定义菜单进入自定义菜单界面，效果如图 6-22 所示。

图 6-22　自定义菜单页面

（6）选择跳转到小程序，之后点击选择小程序，弹出小程序选择页面，效果如图 6-23 所示。

图 6-23　选择小程序页面

（7）选择想要嵌入的微信小程序，点击确认进行关联，效果如图 6-24 所示。

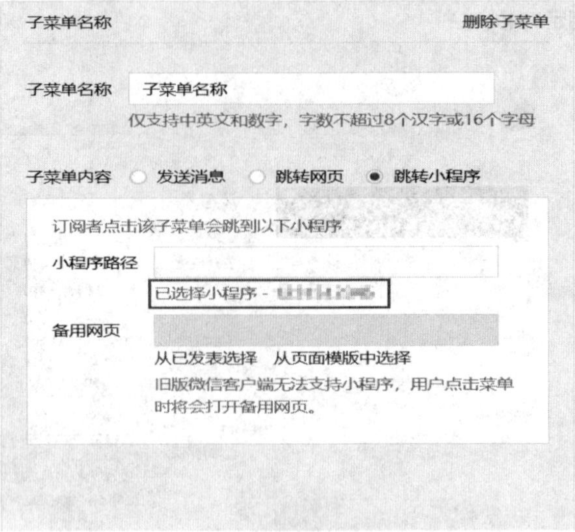

图 6-24 嵌入小程序页面

(8) 完善子菜单设置,点击保存并发布按钮,之后进入公众号点击子菜单就可以进入小程序。

至此,微信小程序嵌入微信公众平台就完成了。

任务实施

读者通过上面的学习,可以了解微信小程序的调试与发布,接下来通过以下几个步骤,完成"古物图鉴"项目我的模块制作并在项目完成后进行小程序的发布。

第一步:我的模块主界面制作

我的模块主界面主要包含顶部的导航栏、头部的头像以及名称、中部的功能列表和底部的登录按钮。其中,顶部的导航栏与其他选项卡界面基本相同,不同之处在于我的主界面不存在搜索按钮;头像和名称部分需居中展示,并且头像需要设置图片的大小以及距离顶部的位置,名称部分则设置文本内容的字体大小和粗细程度即可;中部的功能列表中,每个列表包含功能图标、功能名称以及可进入图标,当登录小程序后,点击不同的列表即可进入不同的页面,不登录时会提示请先登录;而底部的登录按钮,只需设置其距离底部的距离以及按钮的宽度、高度和按钮名称中文字的大小、颜色,当点击登录按钮后,会触发用户权限设置完成登录;代码 CORE0601~CORE0603 如下,WXSS 代码需自行定义。

代码 CORE0601:mine.json

```
{
  "navigationStyle": "custom",
  "usingComponents": {}
}
```

代码 CORE0602：mine.wxml

```xml
<view id="title" style="padding-top: {{statusBarHeight}}px;">
  <text> 个人中心 </text>
</view>
<!-- 头像和名称 -->
<view id="header" style="padding-top: {{statusBarHeight+44}}px;">
  <view class="avatarUrl">
    <image src="{{userInfo.avatarUrl}}"></image>
  </view>
  <view class="nickName">{{userInfo.nickName}}</view>
</view>
<!-- 功能列表 -->
<view id="option">
  <view class="optionlist" bindtap="gomycollection">
    <view style="width: {{screenWidth-60}}px;">
      <image src="http://120.92.122.253:39001/files/WX/star.png" class="optionlisttitle"></image>
      <text> 我的收藏 </text>
      <image src="../../images/right.png" class="right"></image>
    </view>
  </view>
  <view class="optionlist" bindtap="goopinion">
    <view style="width: {{screenWidth-60}}px;">
      <image src="http://120.92.122.253:39001/files/WX/tips.png" class="optionlisttitle"></image>
      <text> 意见反馈 </text>
      <image src="../../images/right.png" class="right"></image>
    </view>
  </view>
  <view class="optionlist" bindtap="gosetting">
    <view style="width: {{screenWidth-60}}px;">
      <image src="http://120.92.122.253:39001/files/WX/setting.png" class="optionlisttitle"></image>
      <text> 用户设置 </text>
      <image src="../../images/right.png" class="right"></image>
    </view>
  </view>
</view>
```

```html
<!-- 登录按钮 -->
<view style="position: fixed;bottom: 35px;width: 100%;height: 50px;text-align: center;">
    <view hidden="{{isshow}}" style="background: #7d0101;color: white;width: 90%;border-radius: 30px;height: 50px;line-height: 50px;margin: 0 auto;" bindtap="gologin">微信授权一键登录 </view>
</view>
<!-- 登录提示 -->
<view hidden="{{hasOnShow}}" style="width: 100px;height: 50px;background: #7d0101;text-align: center;line-height: 50px;font-size: 16px;position: fixed;z-index: 10000;top: 50%;left: 50%;margin-left: -50px;color: white;border-radius: 5px;"> 请先登录 </view>
```

代码 CORE0603：mine.js

```javascript
Page({
    data: {
        hasOnShow: true
    },
    onLoad(options) {
        var that=this
        wx.getStorage({   // 通过获取本地缓存的数据判断小程序是否登录
            key: 'userInfo',
            success (res) {
                that.setData({
                    isshow:true,
                    userInfo:res.data
                })
            },
            fail (res) {
                that.setData({
                    isshow:false,
                    userInfo:{
                        avatarUrl:"../../images/people(1).png",
                        nickName:" 未登录 "
                    }
                })
            }
        })
        wx.getSystemInfo({   // 获取屏幕数据
            success: res => {
```

```
          console.log(res)
          that.setData({
            statusBarHeight:res.statusBarHeight,
            screenWidth:res.screenWidth
          })
        }
      })
  },
  onShow(){   // 二次加载初始数据
    this.onLoad()
  },
  gologin:function(){    // 触发权限设置授权登录
    var that=this
    wx.getUserProfile({
      desc:'用户注册,展示评论或笔记',
      success: (res) => {
        wx.setStorage({
          key:"userInfo",
          data: res.userInfo,
          success:function(res){
            if (res.errMsg =="setStorage:ok"){
              that.onLoad()
            }
          }
        })
      }
    })
  },
  gomycollection:function(){    // 先判断是否登录,之后再跳转至我的收藏界面
    if(this.data.isshow){
      wx.navigateTo({
        url: '../mycollection/mycollection',
      })
    }else{
      this.show()
```

```
    }
  },
  goopinion:function(){    // 先判断是否登录,之后再跳转至意见反馈界面
    if(this.data.isshow){
      wx.navigateTo({
        url: '../opinion/opinion',
      })
    }else{
      this.show()
    }
  },
  gosetting:function(){    // 先判断是否登录,之后再跳转至用户设置界面
    if(this.data.isshow){
      wx.navigateTo({
        url: '../setting/setting',
      })
    }else{
      this.show()
    }
  },
  show:function(){    // 显示登录提示
    var that=this
    that.setData({
      hasOnShow:false
    })
    setTimeout(function(){    // 登录提示显示后,通过定时器隐藏
      that.setData({
        hasOnShow:true
      })
    },1000)
  }
})
```

效果如图 6-25 至图 6-27 所示。

项目六 微信小程序调试与发布

图 6-25 我的界面　　图 6-26 授权登录　　图 6-27 登录成功

第二步：我的收藏界面制作

在功能列表中，点击我的收藏即可进入我的收藏界面，该界面用于显示收藏的文物列表，并且在顶部导航栏中还包含文物总数的统计。其中，文物列表中每项均包含文物图片、名称、所属时代和类别以及转发按钮，文物图片需设置其大小、位置以及其所在区域的背景色；文物名称、所属时代和类别等文本内容只需设置其字体大小、颜色以及行间距；而分享按钮由透明背景和分享图标组成，透明背景需存在定位功能，并处于分享图标的下方，分享图标同样存在定位，避免同层透明属性相互影响，并且分享图标还需处于当前模块的中间；代码 CORE0604~CORE0606 如下，WXSS 代码需自行定义。

代码 CORE0604：mycollection.json

```
{
  "navigationBarBackgroundColor": "#ffffff",
  "navigationBarTextStyle": "black",
  "navigationBarTitleText": " 我的收藏 "
}
```

代码 CORE0605：mycollection.wxml

```
<view style="width: {{screenWidth}}px;margin-left: 16px;margin-top: 15px;float: left;">
  <view class="collectionlist" wx:for="{{collectionlist}}" style="width: {{screen-Width/2-8}}px;" wx:for-item="item" wx:key="index">
```

```xml
<view class="collectionpic" style="width: {{screenWidth/2-8}}px;height: {{screenWidth/2-8}}px;" data-index="{{index}}" bindtap="goantiquedetail">
    <image src="{{item.url}}" style="width: {{screenWidth/2-8}}px;height: {{screenWidth/2-8}}px;" mode="widthFix"></image>
</view>
<text class="collectionname">{{item.name}}</text>
<text class="collectiontime">{{item.time}}.{{item.type}}</text>
<view class="cover" data-index="{{index}}" bindtouchstart="share" bindtouchend="share" bindtap="share">
    <button open-type="share" data-index="{{index}}" bindtap="share">
        <image src="../../images/antiqueshare.png"></image>
    </button>
    <view></view>
</view>
</view>
</view>
```

代码 CORE0606:mycollection.js

```javascript
Page({
    data: {
        collectionlist:[
            {
                name:'《寒林楼观图》',
                url: 'http://120.92.122.253:39001/files/imgUrls(1).png',
                time:" 宋代 ",
                type:" 绘画 "
            },
            // 其他项内容与上述结构相同
        ]
    },
    onLoad(){
        var that=this
        wx.getSystemInfo({    // 获取屏幕数据
            success: res => {
                that.setData({
                    screenWidth:res.screenWidth-32
                })
            }
```

```
        })
        wx.setNavigationBarTitle({    // 统计当前收藏文物数量并显示在顶部导航栏
          title: ' 我的收藏 ('+that.data.collectionlist.length+")",
        })
      },
      goantiquedetail:function(e){    // 跳转至文物详情界面
        var index = e.currentTarget.dataset.index;
        wx.navigateTo({
          url: '../antiquedetail/antiquedetail?id='+index,
        })
      },
      share:function(e){    // 分享内容获取
        var index = e.currentTarget.dataset.index;
        this.setData({
          name:this.data.collectionlist[index].name,
          url:this.data.collectionlist[index].url,
          id:index
        })
      },
      onShareAppMessage(res) {    // 自定义分享
        return {
          title: this.data.name,
          path: '/pages/antiquedetail/antiquedetail?id='+this.data.id+'&isshare=true',
          imageUrl: this.data.url
        }
      },
    })
```

效果如图 6-28 和图 6-29 所示。

之后点击指定的文物即可跳转至文物详情界面进行文物信息的查看。

第三步：意见反馈界面制作

在功能列表中，点击意见反馈即可进入意见反馈界面，该界面包含问题 / 意见输入、联系方式输入以及提交按钮 3 个部分。其中，问题 / 意见输入使用多行输入框 textarea 组件实现，并通过属性设置最大输入长度；联系方式则使用单行输入框 input 组件实现；需要注意的是，在完成输入后需要获取输入的内容，之后再点击提交按钮时判断输入内容是否符合要求，并在提交完成后弹出成功提示框；代码 CORE0607~CORE0609 如下，WXSS 代码需自行定义。

图 6-28 我的收藏

图 6-29 文物分享

代码 CORE0607：opinion.json

```
{
    "navigationBarBackgroundColor": "#7d0101",
    "navigationBarTextStyle": "white",
    "navigationBarTitleText": " 意见反馈 "
}
```

代码 CORE0608：opinion.wxml

```
<view class="title" style="width: {{screenWidth}}px;"> 问题 / 意见 </view>
<view class="opinion" style="width: {{screenWidth}}px;">
    <textarea placeholder=" 请输入问题描述,不少于 10 个字 ..." maxlength="200" style="width: {{screenWidth-30}}px;" value="{{value}}" bindinput="getlength"></textarea>
    <view>{{length}}/200</view>
</view>
<view class="title" style="width: {{screenWidth}}px;"> 联系方式 </view>
<view class="contact" style="width: {{screenWidth}}px;">
    <input type="text" placeholder=" 请输入邮箱或手机号码 " style="width: {{screenWidth-15}}px;" value="{{value}}" bindinput="getcontact"/>
</view>
<view class="btn" style="width: {{screenWidth}}px;" bindtap="send"> 提交 </view>
```

代码 CORE0609: opinion.js

```js
Page({
  data:{
    length:0,
    value:"",
    text:"",
    contact:""
  },
  onLoad(){
    var that=this
    wx.getSystemInfo({     // 获取屏幕数据
      success: res => {
        that.setData({
          screenWidth:res.screenWidth-32
        })
      }
    })
  },
  getlength:function(e){    // 获取多行输入框内容
    this.setData({
      length:e.detail.value.length,
      text:e.detail.value
    })
  },
  getcontact:function(e){    // 获取单行输入框内容
    this.setData({
      contact:e.detail.value
    })
  },
  send:function(){    // 点击提交按钮触发
    var text=this.data.text
    var contact=this.data.contact
    if(text.length>0){    // 判断多行输入框是否存在内容
      if(contact.length>0){    // 判断单行输入框是否存在内容
        wx.showToast({    // 弹出成功提示框
          title: '提交成功',
          icon: 'success',
          duration: 1000
```

```
            })
            this.setData({
                value:""
            })
        }
    }
})
```

效果如图 6-30 和图 6-31 所示。

图 6-30 意见反馈界面

图 6-31 提交成功效果

第四步：用户设置界面制作

在功能列表中，点击用户设置进入用户设置界面，该界面包含权限管理、版权信息以及退出登录按钮 3 个部分。权限管理部分需要设置文本内容的字体大小和行高，以及进入图标的大小、位置和右浮动，并需要添加下边框，以区分列表项，当点击权限管理项时，可通过 wx.openSetting() 方法触发权限设置；版权信息部分与权限管理部分基本相同，不同之处在于文本与进入图标之间存在版本信息，因此还需对版本信息内容进行设置，当点击版权信息项时，可通过 wx.showModal() 方法弹出对话框并隐藏取消按钮显示当前的微信小程序版本；退出登录按钮部分只需设置其位置以及文字大小、颜色、居中以及圆角，并添加边框，当点击该按钮后，会删除本地缓存的登录数据并返回我的界面；代码 CORE0610 至代码

CORE0612 如下。

代码 CORE0610：setting.json

```json
{
    "navigationBarBackgroundColor": "#7d0101",
    "navigationBarTextStyle": "white",
    "navigationBarTitleText": " 用户设置 "
}
```

代码 CORE0611：setting.wxml

```xml
<view id="option">
    <view class="optionlist" bindtap="jurisdiction">
        <view style="width: {{screenWidth-60}}px;">
            <text> 权限管理 </text>
            <image src="../../images/right(1).png" class="right"></image>
        </view>
    </view>
    <view class="optionlist" bindtap="edition">
        <view style="width: {{screenWidth-60}}px;">
            <text> 版本信息 </text>
            <image src="../../images/right(1).png" class="right"></image>
            <text style="float: right;margin-right: 10px;font-size: 12px;"> 当前版本：1.0.0</text>
        </view>
    </view>
</view>
<view style="position: fixed;bottom: 60px;width: 100%;height: 50px;text-align: center;">
    <view style="border:1px solid #7d0101;color: #7d0101;width: 90%;border-radius: 30px;height: 50px;line-height: 50px;background: white;margin: 0 auto;font-weight: bolder;" bindtap="gobacklogin"> 退出登录 </view>
</view>
```

代码 CORE0612：setting.js

```js
Page({
    onLoad(options) {
        var that=this
        wx.getSystemInfo({    // 获取屏幕数据
            success: res => {
                console.log(res)
```

```
        that.setData({
          screenWidth:res.screenWidth
        })
      }
    })
  },
  gobacklogin:function(){    //退出登录操作
    var that=this
    wx.removeStorage({    //删除登录信息并返回我的界面
      key: 'userInfo',
      success(res){
        wx.switchTab({
          url: '../mine/mine',
        })
      }
    })
  },
  jurisdiction:function(){  //触发系统权限设置
    wx.openSetting({
      success (res) {
        console.log(res.authSetting)
      }
    })
  },
  edition:function(){    //弹出对话框并隐藏取消按钮
    wx.showModal({
      title: ' 版本信息 ',
      content: ' 当前版本：1.0.0',
      showCancel:false,
      confirmColor:'#7d0101',
      success (res) {
        console.log(res)
      }
    })
  }
})
```

效果如图 6-32 至图 6-34 所示。

项目六 微信小程序调试与发布

图 6-32 用户设置界面　　图 6-33 系统权限设置　　图 6-34 版本信息查看

第五步：项目的功能及结构已经编写完成，通过小程序开发工具中上传按钮将小程序上传到微信公众平台小程序中，效果如图 6-35 所示。

图 6-35 小程序上传页面

第六步：点击确认按钮并填写相关信息确认上传。

第七步：登录微信公众平台小程序，进入开发管理选项，点击提交审核按钮并填写相关信息进行小程序审核。

第八步：等待 2~3 个工作日之后，小程序审核结果会在微信中进行通知，审核通过后，在开发管理选项中点击提交发布，将小程序发布到线上提供服务。

在本项目中，读者通过学习微信小程序调试与发布的相关知识，对微信小程序调试工具类型、错误码有所了解，对微信小程序调试工具使用以及微信小程序发布有所了解并掌握，最终完成我的模块制作以及小程序的发布。

cancel	取消	permission	许可
denied	否认	internal	内部的
invalid	无效的	expired	到期
duplicated	复制	interrupted	阻断

1. 选择题

（1）同一个小程序最多可以关联（　　）个公众号。
A. 10　　　　　　B. 50　　　　　　C. 100　　　　　　D. 200

（2）公众号可关联同主体的 10 个小程序和不同主体的（　　）个小程序。
A. 3　　　　　　　B. 5　　　　　　　C. 10　　　　　　D. 20

（3）小程序发布前开发者从微信上预览小程序的方法为（　　）。
A. 点击预览链接　　B. 扫描预览二维码　　C. 搜索小程序　　D. 其他

（4）在设备上预览小程序时打开调试后显示的信息不包括（　　）。
A. 内存　　　　　　B. 初次渲染耗时　　　C. 数据缓存　　　D. 网络模式

（5）微信小程序在上传之前需要填写项目备注和（　　）。
A. 项目名称　　　　B. AppID　　　　　　C. 版本号　　　　D. 头像图片路径

2. 简答题

创建一个页面在设备上预览，并打开性能数据与控制台进行查看，从设备上查看效果如图。

项目七 初识支付宝小程序

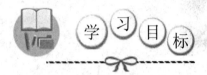

读者通过对支付宝小程序的学习,了解支付宝小程序,熟悉支付宝小程序的开发流程,掌握支付宝小程序的配置以及列表的渲染,具有完成便民服务中心小程序全局配置、头部信息以及 tabBar 制作的能力。

技能目标:
- 熟悉支付宝开发平台的入驻流程;
- 熟悉支付宝小程序开发工具下载安装流程;
- 熟悉支付宝小程序 JSON 配置的功能;
- 熟练阅读和编辑 page、window、tabbar 等常见字段;
- 掌握支付宝小程序 AXML 模板的功能;
- 熟练掌握数据绑定、页面渲染实现;
- 编写简单的小程序。

素养目标:
- 理解注册过程,养成实事求是、科学严谨的工匠精神;
- 通过页面运行机制,培养爱国情怀,为中华民族伟大复兴作出贡献;
- 理解支付宝小程序概念,树立质量意识和安全意识。

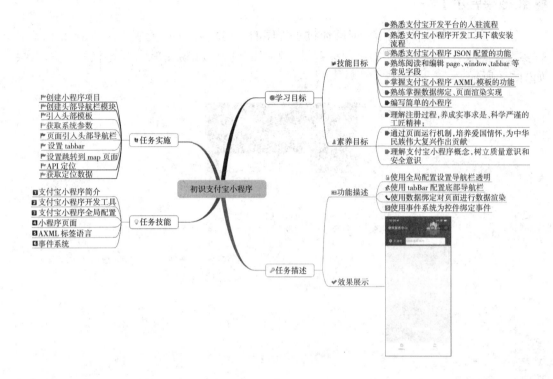

【情境导入】

在小程序诞生前,各部门以及企业为了能够方便用户在线上办理相关业务,均开发了用于办理特定业务的 APP,用户使用时需要在移动端进行安装,致使用户需要安装大量的应用软件占用用户设备资源,小程序诞生后解决了类似问题,小程序是一种不需要下载安装即可使用的应用,它实现了应用的"触手可及"和"用完即走",用户无须担心应用程序安装过多的问题,现在很多企业和部门都在着手开发小程序。本项目通过小程序的全局配置、页面运行机制和数据绑定等相关知识,最终完成便民服务中心的全局配置。

【功能描述】

● 使用全局配置设置导航栏透明;

- 使用 tabBar 配置底部导航栏；
- 使用数据绑定对页面进行数据渲染；
- 使用事件系统为控件绑定事件。

【效果展示】

读者通过对本项目的学习，能够通过小程序的全局配置、页面配置以及 AXML 标签语言实现便民服务中心小程序的头部标题及导航栏的设置和 tabBar 底部导航栏的设置，效果如图 7-1 所示。

图 7-1　便民服务中心全局配置

技能点一　支付宝小程序简介

1. 支付宝小程序概述

支付宝小程序是一种全新的开放模式，运行在支付宝客户端，是手机应用嵌入支付宝客户端的一种方法。支付宝小程序为开发者提供了更多的 JS API 和 OpenAPI，也可以为用户提供多样化的便捷服务。支付宝小程序可以被便捷地获取和传播,从而为终端用户提供更优的用户体验。能够让合作伙伴有机会分享支付宝及阿里集团的多端流量和商业能力,企业或个人可以创建并开发支付宝小程序,为用户提供更好的体验,助力商家经营升级。

2. 平台入驻

登录"https://open.alipay.com/platform/developerIndex.htm"入驻平台,平台入驻时开发者需要根据实际业务场景填写正确的信息。填写信息后,仔细阅读并同意服务协议即可入驻,根据操作提示完成入驻后即可通过支付宝开放平台完成对小程序的创建。

登录开放平台控制台,选择"小程序"选项卡,点击"创建小程序",根据提示输入小程序名称和绑定商家账号即可创建成功,如图 7-2 所示。

图 7-2 创建小程序

返回控制台即可查看到创建完成的小程序,如图 7-3 所示。

图 7-3 查看小程序

技能点二 支付宝小程序开发工具

小程序开发者工具是支付宝开放平台打造的一站式小程序研发工具,提供了编码、调试、测试、上传、项目管理等功能。不仅支持开发支付宝小程序,相同代码还通用于蚂蚁开放生态,可直接发布至钉钉、高德等应用平台。

访问"https://opendocs.alipay.com/mini/ide/download"下载 IDE 工具并安装,首次安装后会提示需要登录,使用入驻开发平台的支付宝账号扫码登录即可,并且在创建项目时会对应读取到在开放平台创建的小程序,其功能与微信小程序开发工具功能类似,支付宝小程序主页面如图 7-4 所示。

图 7-4 支付宝小程序开发工具主界面

各区域说明如下。
- 菜单栏:主要包括文件、编辑、窗口、工具、帮助等基础功能;
- 工具栏:是开发过程中最常用的部分,包含更改小程序类型与关联、显示/隐藏界面区域、真机调试与预览等功能;
- 功能面板:切换文件树、搜索、git 管理、NPM 包管理、插件市场、实验室、体验反馈等;
- 编辑器:代码编辑区;
- 调试器:模拟器调试、真机调试、性能调试;
- 模拟器:模拟运行小程序,便于快速预览、初步调试。

技能点三 支付宝小程序全局配置

1. 目录结构及框架概述

支付宝小程序分为 app 和 page 两层，app 用来描述整个应用，page 用来描述各个页面。此外，还有关于整个 project 的配置描述（可选），app 层由 3 个全局文件组成，page 层由 4 个页面文件组成。并且开发人员可在项目根目录创建 mini.project.json 文件，并在这个文件中新增配置项实现项目的编译以及功能的开发。结构示例如图 7-5 所示。

图 7-5 微信小程序目录结构示例

app 层的文件必须放置在项目的根目录，各文件的作用见表 7-1。

表 7-1 app 层全局文件说明

文件	是否必须	描述
app.js	是	小程序逻辑
app.json	是	小程序全局设置
app.acss	否	小程序全局样式表

page 层中包含了构建一个页面需要的逻辑文件、结构文件、样式表和页面配置文件，并且为了便于开发，支付宝小程序规定这 4 个文件必须具有相同的路径与文件名，各文件的文件类型及作用见表 7-2。

表 7-2 page 层页面文件说明

文件类型	是否必须	作用
js	是	页面逻辑
axml	是	页面结构
acss	否	页面样式表
json	否	页面配置

需要注意的是小程序包体积限制在 2 MB 以内，推荐将静态资源放在 CDN 中。

小程序中将浏览器部分内置对象名（如 window、document）作保留字使用。保留字见表 7-3。

表 7-3　保留关键字

globalThis	global	AlipayJSBridge
fetch	self	window
document	location	XMLHttpRequest

2. 项目配置

mini.project.json 是小程序的项目配置文件，通过它能够进行项目的编译、开发等相关功能，目前项目配置已经升级到 format2 版本，支持小程序开发者工具 3.0.1 以上版本，命令行工具 CLI 1.4.0 及以上版本。mini.project.json 中的所有配置属性均需要包含在最外层"{}"中，并且各属性需要使用英文","相隔，完整属性说明如下所示。

1）enableAppxNg

创建项目时，自动应用该配置为"true"表示启用 format2 版本，配置示例如下所示。

```
{
  "enableAppxNg": true,
}
```

2）compileType

设置项目编译类型，用于区分小程序应用或小程序插件。参数类型为 String 类型，可选值 mini（小程序）和 plugin（插件），使用方法与"enableAppxNg"一致。

3）miniprogramRoot

用于指定小程序源码的相对路径（app.json 文件所在目录），值类型为 String，默认值为"./"。当 compileType 为 mini 时，为应用目录。当 compileType 为 plugin 时，仅用于小程序插件的预览宿主应用目录。由于开发者无法单独预览小程序插件，为支持该功能小程序，插件项目中内置了预览宿主应用，配置方法与 enableAppxNg 一致。

4）pluginRoot

指定插件的相对路径（plugin.json 文件所在目录）。值类型为 String。仅当 compileType 为 plugin 时有效，用于声明插件目录以及 plugin.json 的实际查询路径，配置方法与 enable-AppxNg 一致。

5）compileOptions

项目编译时的相关配置，如是否启用 typescript 支持、是否启用 less 支持等，值类型为 Object 类型，可选属性见表 7-4。

表 7-4 compileOptions 可选属性

属性	类型	默认值	描述
component2	Boolean	false	自定义组件是否开启新的生命周期运行模型
typescript	Boolean	false	是否启用 typescript 支持
less	String	false	是否启用 less 支持
enableNodeModule-BabelTransform	Boolean	false	是否开启 npm 目录的 babel 编译 (最小转译)
nodeModulesES6Whitelist	String[]	[]	是否针对 npm 内特定模块开启 babel 编译

配置示例如下所示。

```
"compileOptions": {
  "component2":false,
  "typescript":false,
  "less":false,
  "enableNodeModuleBabelTransform":false,
  "nodeModulesES6Whitelist":[]
}
```

6) uploadExclude

小程序在上传时,会将本地源码打包上传至云端进行构建,过程中若源码包经过 zip 压缩后大小仍超过 IDE 的阈值 (20 MB),会提示"包大小超限"。所以可以根据需要,对云端构建不需要的文件配置 exclude 黑名单,黑名单中的配置文件不会上传至云端。该参数值为一个字符串类型的数组。配置示例如下所示。

```
"uploadExclude" : [
  "**/*.aaa",
  "**/*.bbb",
]
```

7) assetsInclude

小程序在构建时,产物包中默认只包含必要的业务代码和资源文件,未被识别的资源类型则不会编译到包内,从而减小包体积,该参数值为一个字符串类型的数组,配置方式与 uploadExclude 一致,默认打包的资源文件如下。

- 图片:.png、.jpg、.jpeg、.gif、.svg、.webp。
- 字体:.eot、.woff、.ttf、.woff2、otf。
- 多媒体:.mp3、.mp4。

8) developOptions

本地开发的相关配置,设置是否产物热更新、是否禁止多进程构建等,developOptions 字段接受一个对象,其属性见表 7-5。

表 7-5　developOptions 属性

属性	类型	默认值	描述
hotReload	Boolean	false	是否开启产物热更新。配置后开启模拟器热更新。支持的范围：（AXML、ACSS、JS 文件中的 method）
disableParallel	Boolean	false	是否禁止多进程构建，默认多进程编译
disableSourcemap	Boolean	false	关闭 sourcemap，本地开发时默认开启 sourcemap

配置方式如下所示。

```
"developOptions": {
  "hotReload": false,
  "disableParallel": false,
  "disableSourcemap": false
}
```

9）pluginResolution

插件联调选项，当需要使用插件时使用该属性，可以定义插件的基本信息、AppId 等，pluginResolution 属性见表 7-6。

表 7-6　pluginResolution 属性

属性	类型	默认值	描述
enable	Boolean	false	是否启用调试配置
plugins	Record<string, Object>	{}	指定插件联调的静态插件版本
dynamicPlugins	Record<string, Object>	{}	指定插件联调的动态插件版本

配置方式如下所示。

```
"pluginResolution": {
  "enable": true,
  "plugins": {
    "2020111122223333": {
      "version": "dev:a.b.c.d"
    }
  }
}
```

10）scripts

小程序预构建脚本相关的配置，针对预处理的场景，提供了 precompile 的配置入口，允许用户在编译前、预览前、上传前执行的预处理逻辑。scripts 字段接受一个对象，属性见表 7-7。

表 7-7　scripts 属性

属性	类型	执行时机
watch	String	IDE 模拟器编译时执行，进程持续存在
beforeCompile	String	IDE 模拟器编译时执行，执行后退出 beforeCompile 进程
beforePreview	String	真机预览 / 真机调试前执行
beforeUpload	String	IDE 上传前执行

通过 IDE 模拟器编译时，watch 脚本优先级高于 beforeCompile，并且两者只会执行其一。在 watch 模式下，预构建脚本与 IDE 构建 server 同时运行。beforeCompile 模式下，IDE 构建 server 会等待脚本执行完才启动。配置方式如下所示。

```
"scripts": {
    "watch": "npm run something --watch",
    "beforeCompile": "npm run compile",
    "beforePreview": "npm run compile",
    "beforeUpload": "npm run compile"
}
```

3. 小程序应用配置

小程序应用配置主要是针对 app 层中的 app.json、app.js 和 app.acss 3 个全局文件的配置，app 层管理了所有页面和全局数据，以及提供生命周期回调等。App() 本身也是一个构造方法，用于生成 App 实例，一个小程序就是一个 App 实例。

☆ app.json 应用配置

app.json 用于对小程序进行全局配置，包括页面文件的路径、窗口表现、多 tab、分包、插件等，完整属性说明如下所示。

● entryPagePath

用于指定小程序的启动路径（首页）。默认为 pages 列表的第一项。参数类型为 String 类型。

● pages

app.json 中的 pages 属性值为字符串类型的数组，用于指定小程序中包含的页面，在小程序中新增或删除页面，都需要对 pages 数组进行修改，并且页面路径无须添加后缀，框架会自动加载同名的 .json、.js、.axml、.acss 文件。pages 数组第一项代表小程序的首页。假设当前有如下页面结构。

```
├── pages
│     ├── index
│     │     ├── index.json
│     │     ├── index.js
│     │     ├── index.axml
│     │     └── index.acss
│     └── logs
│           ├── logs.json
│           ├── logs.js
│           └── logs.axml
├── app.json
├── app.js
└── app.acss
```

在 app.json 中添加 index 和 logs 页面路径方法如下所示。

```
{
  "pages":[
    "pages/index/index",
    "pages/logs/logs"
  ]
}
```

- usingComponents

该参数用于设置全局自定义组件声明，声明的自定义组件在小程序各页面或自定义组件中可以直接使用，无须额外声明，该属性值为 Array 类型。配置示例如下所示。

```
"usingComponents": {
  "com1": "/components/com1/index",
  "com2": "./components/com2/index"
}
```

- window

用于设置小程序的状态栏、导航条、标题、窗口背景色等，该参数为 Object 类型的参数，该参数的属性见表 7-8。

表 7-8　window 属性

属性	描述
allowsBounceVertical	是否允许向下拉拽，默认 YES，支持 YES/NO
backgroundColor	页面的背景色。例：白色"#FFFFFF"
defaultTitle	页面默认标题

续表

属性	描述
gestureBack	仅支持 iOS，是否支持手势返回。默认 YES
pullRefresh	是否允许下拉刷新，默认 true 下拉刷新生效的前提是 allowsBounceVertical 值为 YES
responsive	rpx 单位是否宽度自适应，默认 true，当设置为 false 时，2 rpx 将恒等于 1 px，不再根据屏幕宽度进行自适应
showTitleLoading	是否进入时显示导航栏的 loading。默认 NO，支持 YES/NO
transparentTitle	导航栏透明设置。默认 none，支持 always 一直透明 /auto 滑动自适应 /none 不透明
titleImage	导航栏图片地址
titleBarColor	导航栏背景色。例：白色"#FFFFFF"

使用 IDE 的空白模板创建项目，并在 app.json 中将导航栏的颜色修改为"#FFCC00"，设置加载时导航栏显示"Loading"，不允许下拉操作，并且将默认名称改为"我的小程序"，效果如图 7-6 所示。

图 7-6　导航栏全局配置

为了实现图 7-6 所示的效果，代码 CORE0701 如下所示。

代码 CORE0701：app.json

```json
{
  "pages": [
    "pages/index/index"
  ],
  "window": {
    "defaultTitle": " 我的小程序 ",
    "allowsBounceVertical":"NO",
    "showTitleLoading":"YES",
    "titleBarColor":"#FFCC00"
  }
}
```

- tabBar

tabBar 是指小程序页面底部用于切换页面的一排按钮，若开发的小程序包含多个 tab

应用,可以通过 tabBar 配置项指定 tab 栏的表现形式,以及 tab 切换时显示的对应页面。tabBar 配置属性见表 7-9。

表 7-9　tabBar 配置属性

属性	描述
textColor	文字颜色
selectedColor	选中文字颜色
backgroundColor	背景色
items	每个 tab 配置

其中 items 表示每个 tab 的配置,每个 tab 都可设置独立的页面路径、名称以及图表,属性见表 7-10。

表 7-10　items 配置属性

属性	描述
pagePath	设置页面路径
name	名称
icon	平常图标路径(非选中状态)icon 图标推荐大小为 81 px * 81 px,若非推荐尺寸系统会对图片进行非等比拉伸或缩放
activeIcon	高亮图标路径(选中状态)

在项目中新建一个 page 名为"my"并在页面中填写"my first page",在 app.json 中添加 tabBar,并设置选中时改变字体颜色和显示图表,结果如图 7-7 所示。

图 7-7　tabBar 设置

为了实现图 7-7 所示的效果，代码 CORE0702 如下所示。

代码 CORE0702：app.json

```json
"tabBar": {
    "textColor": "#000000",
    "selectedColor": "#FFCC00",
    "items": [
      {
        "pagePath": "pages/index/index",
        "name": " 首页 ",
        "icon":    "https://img-blog.csdnimg.cn/b375427fab764b2b8dc52144f7f6d823.png",
        "activeIcon": "https://img-blog.csdnimg.cn/82d3898d5c944955ac71b41f95668f2d.png"
      },
      {
        "pagePath": "pages/my/my",
        "name": " 我的 ",
        "icon": "https://img-blog.csdnimg.cn/ed62494ca602411782a5b591936f3971.png",
        "activeIcon": "https://img-blog.csdnimg.cn/aab5f36717e544549e5ba0197387af70.png"
      }
    ]
  }
```

4. 小程序注册

注册小程序使用 App() 方法，接收 Object 作为属性，其只能在 app.js 中使用，必须调用且只能调用一次，主要功能包含监听小程序初始化、监听小程序显示以及监听小程序错误等。属性说明见表 7-11。

表 7-11　App 方法属性

属性	描述	触发时机
onLaunch	生命周期回调：监听小程序初始化	当小程序初始化完成时触发，全局只触发一次
onShow	生命周期回调：监听小程序显示	当小程序启动，或从后台进入前台显示时触发
onHide	生命周期回调：监听小程序隐藏	当前页面被隐藏时触发，例如跳转、按下设备 Home 键离开
onError	监听小程序错误	当小程序发生 js 错误时触发

续表

属性	描述	触发时机
onShareAppMessage	全局分享配置	调用分享时触发,如:点击页面菜单右上角的分享按钮时
onPageNotFound	监听页面不存在	小程序要打开的页面不存在时触发

上述属性中 onLaunch 和 onShow 使用时可传入一个 Object 类型的对象,通过该对象的属性获取小程序的场景值、来源信息等。Object 属性说明见表 7-12。

表 7-12　Object 属性

属性	描述
query	当前小程序的 query,从启动参数的 query 字段解析而来,解析规则可查看小程序全局/页面参数设置以及解析细节
scene	启动小程序的场景值
path	当前小程序的页面地址,从启动参数 page 字段解析而来,page 忽略时默认为首页
referrerInfo	来源信息

在小程序开发工具中依次点击"工具"→"编译模式"→"添加编辑模式",输入模式名称、启动页面、全局参数以及进入场景后点击"确定",结果如图 7-8 所示。

图 7-8　添加编译模式

当小程序第一次打开和从后台打开时输出启动参数、场景值和当前页面地址，代码 CORE0703 如下所示。

```
代码 CORE0703：app.js
App({
  onLaunch(options) {
    // 第一次打开
    console.log(" 第一次启动 ");
    console.log(options.query);
    console.log(options.path);
    console.log(options.scene);
  },
  onShow(options) {
    // 从后台被 scheme 重新打开
    console.log(" 后台启动 ");
    console.log(options.query);
    console.log(options.path);
    console.log(options.scene);
  },
});
```

启动真机调试，查看控制台"Console"，结果如图 7-9 所示。

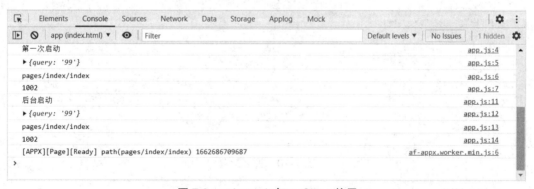

图 7-9　onLaunch 与 onShow 使用

技能点四　小程序页面

1. 页面配置

小程序页面文件夹中的 .json 文件用于配置当前页面的窗口表现，在页面配置中设置的项会覆盖 app.json 中 window 对应的配置项。页面配置除支持全局 window 中的全部配置外，还添加了 3 个属性，见表 7-13。

表 7-13 页面配置属性

属性	描述
optionMenu	设置导航栏额外图标，目前支持设置属性 icon，值为图标 url（以 https/http 开头）或 base64 字符串，大小建议 30 px*30 px
titlePenetrate	设置导航栏点击穿透，取值为 YES 或 NO
barButtonTheme	设置导航栏图标主题，仅支持真机预览，"default" 为蓝色图标，"light" 为白色图标

在小程序的 index 页面中添加导航栏图标，并设置允许导航栏点击穿透，效果如图 7-10 所示。

图 7-10 页面配置

为了实现图 7-10 所示的效果，代码 CORE0704 如下所示。

代码 CORE0704：app.json

```
{
"optionMenu": {
    "icon": "https://img.alicdn.com/tps/i3/T1OjaVFl4dXXa.JOZB-114-114.png"
},
"titlePenetrate": "YES"
}
```

2. 页面运行机制

在每个页面中都会包含一个 .js 文件,该文件用于定义和注册一个小程序页面,并可接收 Object 作为属性,用于指定页面的初始数据、声明周期回调和事件处理等,一个页面实例的生命周期包含 onLoad、onShow、onReady、onHide、onUnload。分别在页面的启动过程的不同阶段以及后续操作响应时触发,如图 7-11 所示。

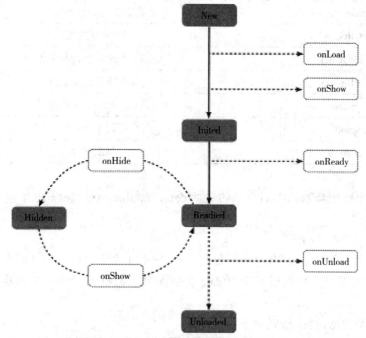

图 7-11 页面状态流转图

- New:新创建的页面实例,未进行业务启动初始化;
- Inited:已完成业务启动过程 onLoad/onShow 初始化,已收集得到首屏需要的 data 数据,准备进行渲染;
- Readied:已完成首屏渲染;
- Hidden:监听到离开页面的行为而触发 onHide 进入离开状态;
- Unloaded:监听到销毁页面的行为 而触发 onUnload 进入已销毁状态(该状态下所有 setData 操作无效)。

Object 属性说明见表 7-14。

表 7-14 Object 属性说明

属性	描述
data	初始数据或返回初始化数据的函数
events	事件处理函数对象
onLoad	页面加载时触发
onShow	页面显示时触发

属性	描述
onReady	页面初次渲染完成时触发
onHide	页面隐藏时触发
onUnload	页面卸载时触发
onShareAppMessage	点击右上角分享时触发
onTitleClick	点击标题触发
onOptionMenuClick	点击导航栏额外图标触发
onPullDownRefresh	页面下拉时触发
onTabItemTap	点击 tabItem 时触发
onPageScroll	页面滚动时触发
onReachBottom	上拉触底时触发

上述属性中使用频繁且相对复杂的包括 data、onShareAppMessage 以及 events，详细使用方法如下所示。

● 页面数据对象 data

页面中可通过使用 data 指定初始数据。当 data 为对象时数据将被所有页面共享。可通过设置 data 为不可变数据或者变更 data 为页面独有数据两种方式来解决。设置方式如下所示。

设置不可变数据，语法格式如下所示。

```
Page({
  data: {
    arr:[]
  },
  doIt() {
    this.setData({
      arr: [...this.data.arr, 1]
    })
  }
})
```

设置页面独有数据，语法格式如下所示。

```
Page({
  data() {
    return {
      arr: []
    }
```

```
    },
    doIt() {
      this.setData({
        arr: [1, 2, 3]
      })
    }
  })
```

- onShareAppMessage

该函数用于定义页面的分享信息,开发者可通过该函数自定义小程序分享内容(例如:标题、描述、图片)。onShareAppMessage 设置分享系统参数见表 7-15。

表 7-15　分享系统参数

参数	描述
Title	自定义分享标题
desc	自定义分享描述
path	自定义分享页面的路径
content	自定义吱口令,最多 28 个字符
imageUrl	自定义分享小图 icon 元素
bgImgUrl	自定义分享预览大图,建议尺寸 750×825
scImgUrl	自定义社交图片链接,作为分享到支付宝好友时的主体图片
searchTip	生成分享截图的搜索引导

通过小程序右上角触发分享,设置分享标题为"欢迎使用我的小程序",分享描述为"这是我的第一个小程序感谢支持",页面链接设置为"pages/index/index",并分别设置分享小图、预览大图和分享到支付宝好友时的主体图片,结果如图 7-12 所示。

图 7-12　分享设置

为了实现图 7-12 所示的效果，代码 CORE0705 如下所示。

代码 CORE0705：index.js

```
onShareAppMessage () {
    return new Promise((resolve, reject) => {
        resolve({
            title : ' 欢迎使用我的小程序 ',
            desc : ' 这是我的第一个小程序感谢支持 ',
            path : 'pages/index/index' ,
            imageUrl:'https://img.alicdn.com/tps/i3/T1OjaVFl4dXXa.JOZB-114-114.png',
            bgImgUrl:'https://img.alicdn.com/tps/i3/T1OjaVFl4dXXa.JOZB-114-114.png',
            scImgUrl:'http://www.xtgov.net/website/images/present-2.png'
        })
    })
},
```

- events

events 是一个事件对象，通过使用该对象能够使代码更为简洁，其中定义了如页面下拉时触发的时间、点击标题触发的事件等常用事件，events 支持的事件函数见表 7-16。

表 7-16　events 支持的事件函数

事件函数	描述
onBack	点击导航栏左侧返回按钮时触发
onKeyboardHeight	键盘高度变化时触发
onOptionMenuClick	点击导航栏额外图标触发
onPullDownRefresh	页面下拉时触发
onTitleClick	点击标题触发
onTabItemTap	点击非当前 tabItem 后触发
beforeTabItemTap	点击非当前 tabItem 前触发
onResize	window 尺寸改变时触发
onSelectedTabItemTap	点击当前 tabItem 后触发

以在 index 页面的逻辑层添加"点击导航栏额外图标事件""点击标题事件"和"点击非当前 tabItem 事件"为例，介绍 events 的使用方法，结果如图 7-13 所示。

图 7-13　events 事件

为了实现图 7-13 所示的效果,代码 CORE0706 如下所示。

```
代码 CORE0706：index.js
events:{
  onOptionMenuClick(){
    console.log('点击导航栏额外图标')
  },

  onTitleClick(){
    // 点击标题触发
    console.log('点击标题')
  },
  onTabItemTap(e){
    // 点击非当前 tabItem 后触发
    // e.from 是点击且切换 tabItem 后触发,值是"user"表示用户点击触发的事件;值是"api"表示 switchTab 触发的事件
    console.log('触发 tab 变化的类型 ', e.from)
    console.log('点击的 tab 对应页面的路径 ', e.pagePath)
    console.log('点击的 tab 的文字 ', e.text)
    console.log('点击的 tab 的索引 ', e.index)
  },
},
```

技能点五　AXML 标签语言

AXML 是一种结合了基础组件和事件系统的小程序框架设计标签语言,可以构建出小程序页面的结构。AXML 语法可分为 5 个部分:数据绑定、条件渲染、列表渲染、模板、引用。

1. 数据绑定

小程序中每个 page 表示一个页面，用于页面的展示与交互，每个 page 都是项目中的一个目录，并且目录中通常包含 4 个文件，分别为页面逻辑、页面结构、页面样式、页面配置，其中页面结构与页面逻辑是必需的，由于小程序是一个响应式的数据绑定系统，需要在页面逻辑层定义数据后绑定到页面结构中，小程序中常用数据绑定包括简单数据绑定和运算绑定。

1）简单数据绑定

小程序页面中所展示的数据通常是动态数据，为了实现动态更新的效果，需要在页面结构中绑定页面逻辑中定义的数据，页面逻辑中定义数据的方法为在页面对应的页面逻辑中使用"data"属性进行定义，数据定义示例如下所示。

```
//index.js
Page({
    data: {
        title: ' 热爱祖国、积极进取、坚定执着、锲而不舍、追本穷源 ',
    },
});
```

数据定义完成后可在页面结构中使用 Mustache 语法将变量用两对大括号 {{}} 封装，可在多种语法场景下使用，结果如图 7-14 所示。

图 7-14　数据绑定

为了实现图 7-14 所示的效果，代码 CORE0707 如下所示。

代码 CORE0707：index.axml

```
<view>
 {{title}}
</view>
```

课程思政：爱国奉献，勇于担当

李四光，是我国地球科学和地质工作的创始人和奠基者，出生在湖北黄冈，因为父亲开私塾，所以受到良好的启蒙教育，从小就立志发奋读书为国争光，14 岁的他，曾一个人到武昌高等学堂求学，因为在学校成绩优异，一年后，被保送到国外留学，而后考入英国伯明翰大学的地质专业，新中国成立后李老婉拒了英国的高薪待遇，毅然回国，回国后李四光常常日夜不休，挑灯夜战，经过两年 700 多日夜奋战，终于在东北这块土地上发现了一个世界级的大油田。他把自己的一生都奉献给了他热爱的地质事业。他是真正的中国脊梁，在生命的最后一刻，惦记的仍然是还没完成的工作，"爱党报国、敬业奉献、服务人民"是他一生的写照。

除最基础的数据绑定外，还支持组件、控制属性和关键字的绑定，在绑定时需要使用双引号进行封装，使用示例如下所示。

● 组件属性绑定

组件属性绑定是指通过"page.js"文件中定义的数据动态将属性值绑定到组件，可实现组件属性的动态变化，从而动态改变组件效果，使用时需要使用英文双引号界定大括号{{}}，组件属性绑定方法如下所示。

```
<!-- axml -->
<view id="item-{{id}}"> </view>
```

```
// page.js
Page({
   data: {
      id: 0,
   },
});
```

● 控制属性绑定

小程序页面中的组件会因业务逻辑的不同，控制页面控件是否渲染，如用户在登录时需要同意用户协议，若用户不同意则登录按钮不可见，同意协议后即可见。控制属性能够通过页面逻辑动态控制组件是否被渲染，控制属性绑定方法如下所示。

```
<!-- axml -->
<view a:if="{{condition}}"> </view>
// page.js
Page({
```

```
    data: {
      condition: true,
    },
});
```

- 关键字

通常情况下关键字引用使用频率较高的是 Boolean 类型，可根据业务逻辑，使用逻辑代码控制页面中的控件是否可用，使用示例如下所示。

```
<checkbox checked="{{false}}"> </checkbox>
```

2）运算绑定

运算绑定包含一些常用运算公式、算数运算、逻辑运算等运算结果的绑定，可用两对大括号 {{}} 封装简单的运算。使用方式与支持的运算如下所示。

- 三元运算

三元运算在小程序中的主要功能是根据特定的条件去控制组件的状态，如使用三元运算符判断逻辑表达式的值，根据逻辑表达式的返回结果动态控制页面中控件的效果，三元运算绑定如下所示。

```
<!-- axml -->
<view hidden="{{flag ? true : false}}"> Hidden </view>
```

- 算数运算

Mustache 语法的两对大括号 {{}} 中支持算数运算符，能够实现数学计算并将结果绑定到组件，需要注意的是算数运算符仅在两对大括号中才能够计算，算数运算绑定如下所示。

```
<!-- axml -->
<view> {{a + b}} + {{c}} + d </view>
```

```
// page.js
Page({
    data: {
        a: 1,
        b: 2,
        c: 3,
    },
});
```

- 逻辑判断

Mustache 语法的两对大括号 {{}} 支持使用逻辑运算符，通过逻辑运算符动态实现数据绑定，逻辑判断绑定方法如下所示。

```
<!-- axml -->
<view a:if="{{length > 5}}"> </view>
```

● 字符串运算

字符串运算通常指字符串的连接操作，Mustache 语法的两对大括号 {{}} 使用"+"即可连接两个字符串，使用方法如下所示。

```
<!-- axml -->
<view>{{"hello" + name}}</view>
```

```
//page.js
Page({
  data:{
    name: 'alipay',
  },
});
```

● 数据路径运算

若数据是一个数组或 Object 类型的话，还支持指定数据下标、Object 的 key 值绑定数据，使用方法如下所示。

```
<!-- axml -->
<view>{{object.key}} {{array[0]}}</view>
```

```
//page.js
Page({
  data: {
    object: {
      key: 'Hello ',
    },
    array: ['alipay'],
  },
});
```

2. 条件渲染

条件渲染是指满足某个条件时渲染不同的页面结构或组件。条件渲染使用"a:if"语句实现控制组件是否渲染，语法结构如下所示。

```
<view a:if="{{condition}}"> True </view>
```

"a:if"条件渲染除能够对单个条件进行判断外，也可实现对多个条件进行判断，多条件判断的方法是使用 a:elif 和 a:else 添加一个 else 块。

```
<view a:if="{{length > 5}}"> 1 </view>
<view a:elif="{{length > 2}}"> 2 </view>
<view a:else> 3 </view>
```

由于"a:if"是控制属性，需要在组件内使用，若需要一次性判断多个组件，需要使用 </

block>组件,并在该组件中使用"a:if"来控制属性,<block/>并不是一个组件,只是一个包装元素,不会在页面中做任何渲染,只接受控制属性,语法结构如下所示。

```
<block a:if="{{true}}">
  <view> view1 </view>
  <view> view2 </view>
</block>
```

"a:if"条件渲染与"hidden"功能一致,但是有本质上的区别,如下所示。
- a:if 在初始渲染条件为 false 时,不触发任何渲染动作,当条件第一次变成 true 时才开始局部渲染。
- hidden 控制显示与隐藏,组件始终会被渲染。

所以两个方式的应用场景不同,"a:if"适用于没有频繁切换操作的场景,当需要频繁切换时使用 hidden。

3. 列表渲染

支付宝小程序中同样支持列表渲染,通过列表渲染能够获取列表中的数据并且进行展示,使用方法如下所示。

- a:for

a:for 属性可以在组件上绑定一个数组,即使用数组中的各项数据重复渲染该组件。数组下标变量名默认为 index,数组当前变量名默认为 item。使用方法如下所示。

```
<!-- axml -->
<view a:for="{{array}}">
  {{index}}: {{item.message}}
</view>
```

```
//page.js
Page({
  data: {
    array: [{
      message: 'foo',
    }, {
      message: 'bar',
    }],
  },
});
```

除使用默认的下标和变量名外,为了在程序中方便区分不同数据中的变量,支付宝小程序中还支持修改下标和变量名,修改下标变量名使用"a:for-index",修改元素变量名使用"a:for-item",使用方法如下所示。

```
<view a:for="{{array}}" a:for-index="idx" a:for-item="itemName">
  {{idx}}: {{itemName.message}}
</view>
```

- block a:for

"block a:for"与"block a:if"类似,可以应用到 <block/> 组件,渲染包含多个节点的结构块。使用方法如下所示。

```
<block a:for="{{[1, 2, 3]}}">
  <view> {{index}}: </view>
  <view> {{item}} </view>
</block>
```

4. 模板定义与引用

AXML 支持模板的定义,可将重复率较高的片段代码定义为模板,应用到不同的位置,AXML 中推荐使用 template 方式引入模板,因为 template 会指定其作用域,只使用 data 传入的数据,如果 template 的 data 没有改变,则该片段不会重新渲染。

1) 模板定义

定义模板使用 <template/> 组件并使用 name 属性指定模板名称,<template/> 组件内的内容即为模板,方法如下所示。

```
<template name="msgItem">
  <view>
    <text> {{index}}: {{msg}} </text>
    <text> Time: {{time}} </text>
  </view>
</template>
```

使用时同样使用 <template/> 组件,使用"is"属性指定使用的模板名称,使用"data"属性传入数据即可,使用方法如下所示。

```
<!-- axml -->
<template is="msgItem" data="{{...item}}"/>
```

```
//page.js
Page({
  data: {
    item: {
      index: 0,
      msg: 'this is a template',
      time: '2019-04-19',
    },
```

```
    },
  });
```

2）模板引用

通常情况下，模板是一个独立的 .axml 文件，使用模板文件中的模板前需要引用模板文件，模板引用有两种方式，分别为"import"和"include"。

- import

使用 import 能够加载定义完成的模板文件，若当前 page 中包含一个名为 item 的模板文件，在 index.axml 中的引用方式如下所示。

```
<import src="./item.axml"/>
<template is="item" data="{{text: 'forbar'}}"/>
```

需要注意的是 import 的作用域，import 仅能引用目标文件中的模板，并不会级联引用，例如，C import B，B import A，在 C 中可以使用 B 定义的 template，在 B 中可以使用 A 定义的 template，但是 C 不能使用 A 中定义的 template。

- include

include 可以将目标文件中除 <template/> 外的整个代码引入，相当于是复制到 include 位置。使用方式与 import 一致。

技能点六　事件系统

支付宝小程序中支持 6 个事件操作，在用户进行不同触摸动作时触发，开发人员可为不同的事件作出不同的响应，例如触摸后马上离开（类似于单击）等，支付宝小程序支持的事件见表 7-17。

表 7-17　事件

类型	触发条件
touchStart	触摸动作开始
touchMove	触摸后移动
touchEnd	触摸动作结束
touchCancel	触摸动作被打断，如来电提醒，弹窗
tap	触摸后马上离开
longTap	触摸后，超过 500 ms 再离开

与微信小程序类似，支付宝小程序的事件同样分为两类，即冒泡事件和非冒泡事件。支付宝小程序中冒泡事件和非冒泡事件的实现方法如下。

- 冒泡事件：以关键字 on 为前缀，当组件上的事件被触发，该事件会向父节点传递。

● 非冒泡事件：以关键字 catch 为前缀，当组件上的事件被触发，该事件不会向父节点传递。

事件绑定的方法与组件属性的写法类型，以 key=value 的形式实现，key 是以"on"或"catch"为前缀的事件类型，如"onTap""catchTap"。value 的值为一个字符串，对应 Page 中定义的函数。使用方式如下所示。

```
<!--axml -->
<view id="tapTest" data-hi="Alipay" onTap="tapName">
    Click me!
</view>
```

```
//index.js
Page({
  tapName(event) {
    console.log(" 触发 Tap 事件 ");
  },
});
```

读者通过以上的学习，掌握了支付宝小程序的入驻方法、程序结构以及全局配置文件，掌握了小程序的页面配置方法以及运行机制，了解了小程序的事件系统，通过以下几个步骤，使用小程序的全局配置文件、AXML 语言实现便民服务中心小程序的市民中心的头部与底部导航栏的配置（任务实施中会用到 API 的相关知识）。

第一步：创建小程序项目

打开支付宝小程序开发工具，创建一个新的小程序项目，并在项目中分别创建名为"officehall"和"map"的页面，效果如图 7-15 所示。

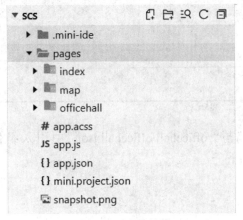

图 7-15　项目结构

第二步：创建头部导航栏模板

在项目中创建名为"component"的文件夹，在该文件夹下创建"header.axml"页面结构文件，之后在该文件中编写代码实现头部导航栏的设计，头部导航栏主要包含了小程序的名称、背景图片以及定位图标和程序搜索框，其中搜索框设置为圆角矩形。头部导航栏的图片、位置等数据均通过数据绑定的方式进行传递，其中屏幕宽度在引用该模板时进行获取，代码CORE0708、CORE0709如下，ACSS代码需自行定义。

代码 CORE0708：header.axml

```xml
<view class="header">
    <image style="width:{{windowWidth}};height:200rpx;margin-top:40rpx" mode="scaleToFill" src="{{images[0]}}" />
    <image mode="scaleToFill" class="location-image" src="{{images[1]}}" />
    <text class="header-search-label border-radius" onTap="chooseLocation" number-of-lines="1">{{cityName}}</text>
    <view class="header-search-input border-radius">
        <input onFocus="chooseLocation" placeholder=" 点击选择城市 " />
    </view>
<view></view>
```

代码 CORE0709：header.js

```js
Component({
    data: {
        images: [
            "http://120.92.122.253:39001/files/title.png",// 顶部导航栏图标
            "http://120.92.122.253:39001/files/location.png",// 定位图标
        ],
    },
    // 接收屏幕宽度
    props: {
        windowWidth:",
        cityName: "
    },
});
```

第三步：引入头部模板

在"/index/index.json"与"/officehall/officehall.json"中引入组件并命名为"my-component"，代码CORE0710如下。

代码 CORE0710：index.json 与 officehall.json

```json
{
  "component": true,
  "usingComponents": {
    "my-component":"/component/header/header"
  }
}
```

第四步：获取系统参数

在"/index/index.js"与"/officehall/officehall.js"中编写代码，获取系统参数并将系统参数赋值给"systemInfo"集合，代码 CORE0711 如下。

代码 CORE0711：index.js 与 officehall.js

```js
Page({
  data: {
    cityName:' 天津市 ',
    systemInfo: {},
  },
  onLoad(query) {
    // 获取系统信息
    my.getSystemInfo({
      success: (res) => {
        this.setData({
          systemInfo: res
        })
      }
    })
    // 页面加载
    console.info(`Page onLoad with query: ${JSON.stringify(query)}`);
  },
});
```

第五步：页面引入头部导航栏

在"index/index.axml"与"/officehall/officehall.axml"页面结构中引入组件，在界面中展示头部样式，代码 CORE0712 如下。

代码 CORE0712：index.axml 与 officehall.axml

```
<view class="page">
  <my-component cityName="{{cityName}}" windowWidth="{{systemInfo.windowWidth}}"></my-component>
</view>
```

结果如图 7-16 所示。

图 7-16 头部组件

第六步：设置 tabbar

在"app.json"小程序全局设置中将导航栏透明属性设置为滑动自适应，导航栏背景色为"#3875f2"，页面默认标题设置为"便民服务中心"，设置底部导航栏"tabbar"，设置文字颜色为灰色，选中颜色为蓝色、背景颜色为白色，将 index 设置为市民中心、officehall 设置为办事大厅，并设置图表，代码 CORE0713 如下。

代码 CORE0713：app.json

```
  "window": {
    "defaultTitle": " 便民服务中心 ",
    "transparentTitle": "auto",
    "titleBarColor": "#3875f2"
  },
"tabBar": {
  "textColor": "#dddddd",
  "selectedColor": "#49a9ee",
  "backgroundColor": "#ffffff",
  "items": [
    {
      "icon": "http://120.92.122.253:39001/files/coreicon.png",
      "activeIcon": "http://120.92.122.253:39001/files/coreactiveIcon.png",
      "pagePath": "pages/index/index",
      "name": " 市民中心 "
```

```
    },
    {
        "icon": "http://120.92.122.253:39001/files/sharpiconsicon.png",
        "activeIcon": "http://120.92.122.253:39001/files/sharpiconsactiveIcon.png",
        "pagePath": "pages/officehall/officehall",
        "name": " 办事大厅 "
    }
  ]
}
```

结果如图 7-17 所示。

图 7-17 tabbar 设置

第七步：设置跳转到 map 页面

在 header 组件的页面逻辑中添加方法，当点击定位图标或输入框时跳转到 map 页面，代码 CORE0714 如下。

代码 CORE0714：header.js

```
methods: {
  chooseLocation() {
    my.navigateTo({
      url: '/pages/map/map',
    });
  },
},
```

第八步：API 定位

在 map 页面的逻辑中，创建用于将"cityName"保存到缓存并在保存完成后返回上一页的方法，之后再使用 onLoad 方法设置当页面显示时，调用位置选择 API 选择当前位置，并在选择后将位置信息保存到缓存，代码 CORE0715 如下。

代码 CORE0715：map.js

```js
Page({
  data: {},
  onLoad() {
    my.chooseLocation({
      success: (res) => {
        console.log(JSON.stringify(res));
        if (res.cityName=="") {
          this.storage(res.provinceName)
          this.setData({
            cityName: res.provinceName,
          })
        } else {
          this.storage(res.cityName)
          this.setData({
            cityName: res.cityName,
          })
        }
      },
      fail:(error) => {
        my.navigateBack()
      },
    });
  },
  storage(cityName){
    // console.log(res)
    my.setStorage({
      key: 'city',
      data: {
        cityName: cityName,
      },
      success: (res) => {
        my.navigateBack()
      },
```

项目七 初识支付宝小程序

```
    });
  },
});
```

第九步：获取定位数据

分别在 index 和 officehall 页面逻辑中添加代码，当页面显示时从缓存中获取"cityName"并设置页面中的"cityName"值，代码 CORE0716 如下所示。

代码 CORE0716：index.js 与 officehall.js

```
onShow(){
  my.getStorage({
    key: 'city',
    success: (res) => {
      this.setData({
        cityName:res.data.cityName
      })
      console.log(this.data.cityName)
    },
  });
},
```

在本项目中，读者通过学习支付宝小程序的基础知识，对支付宝小程序的相关概念以及开发工具使用有所了解，对支付宝小程序的配置、AXML 标签语言使用有所了解并掌握，最终通过所学知识完成便民服务中心小程序中头部标题栏、tabBar 以及定位功能。

API	应用编程接口	project	项目
app	应用程序	global	全面的
document	文件	compile	编写
parallel	平行的	before	之前
pages	页	responsive	反应敏捷的

1. 选择题

（1）在 mini.project.json 小程序项目配置文件中用于设置项目编译类型的是（　　）。
A. enableAppxNg　　　　　　　　　　B. compileType
C. miniprogramRoot　　　　　　　　　D. pluginRoot

（2）app.json 应用配置中用于指定小程序的启动路径的是（　　）。
A. pages　　　　B. entryPagePath　　　C. window　　　D. tabBar

（3）注册小程序使用 App() 方法，使用（　　）属性设置监听小程序显示。
A. onLaunch　　　B. onError　　　C. onHide　　　D. onShow

（4）一个小程序页面的声明周期中页面加载时触发的事件是（　　）。
A. onTabItemTap　　B. onUnload　　　C. onLoad　　　D. onShow

（5）小程序应用配置中用于设置是否允许向下拉拽的是（　　）。
A. allowsBounceVertical　　　　　　　B. defaultTitle
C. pullRefresh　　　　　　　　　　　D. titleImage

2. 简答题

简述支付宝小程序中的目录结构。

项目八 支付宝小程序开发

读者通过对便民服务中心小程序主体内容的实现,了解支付宝小程序的组件类型,熟悉支付宝小程序应用级事件,掌握支付宝小程序 API 的使用方法,具有开发便民服务中心小程序能力。

技能目标:
- 熟练掌握基础组件、表单组件以及媒体组件功能及参数;
- 使用 UI 组件库中相关组件;
- 熟悉事件的概念;
- 熟练掌握常见的界面 API 功能及调用;
- 熟练掌握常见的位置 API 功能及调用;
- 熟练掌握常见的设备 API 功能及调用;
- 熟练掌握常见的媒体 API 功能及调用。

素养目标:
- 理解支付宝小程序开发,增强科技强国和技术报国的使命感;
- 理解扫码功能,提升职业自豪感;
- 激发专业自豪感,提升学习热情,培养严谨细致、精益求精的新时代工匠精神。

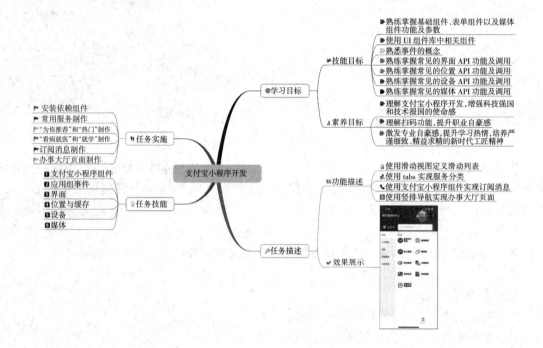

【情境导入】

在互联网兴起前，我们经常会去不同的部门或机构去办理各种业务或缴费，当对办理的某些业务不熟悉时可能会因所携带的资料不全导致办理失败，还需要去第二次，甚至办理一个业务需要跑多个部门盖章签字。互联网兴起后，为了改善这一现状，各部门或机构开始将办事窗口迁移到互联网，极大方便了办事效率。但随之而来的问题就是办理不同业务需要安装不同的软件，对于老年人来说无疑增加了操作难度，为了解决这一问题，可通过开发一款集成度较高的服务类型的小程序，将生活中常用的业务进行集成以方便操作，实现仅使用一个小程序即可办理业务。本项目通过对支付宝小程序组件和 API 学习，最终实现便民服务中心小程序制作。

项目八 支付宝小程序开发

【功能描述】

- 使用滑动视图定义滑动列表；
- 使用 tabs 实现服务分类；
- 使用支付宝小程序组件实现订阅消息；
- 使用竖排导航实现办事大厅页面。

【效果展示】

读者通过对本项目的学习，能够通过支付宝小程序的组件以及 API，实现便民服务中心小程序，效果如图 8-1 所示。

图 8-1 便民服务中心

技能点一 支付宝小程序组件

组件是由一系列数据和方法封装而成的,拥有特定属性和方法,其中属性是组件数据的简单访问者,方法则是组件的一些简单而可见的功能。组件能够帮助开发者通过组合这些组件进行业务开发。小程序中的组件均可使用 Mustache 语法两对大括号 {{}} 绑定动态数据。小程序的组件中有 5 个属性是所有组件所共有的,见表 8-1。

表 8-1 共有属性

属性	描述
id	组件的唯一标识
class	样式类
style	内联样式
data-*	自定义属性。当事件触发时,会将自定义属性传递给事件处理函数
on / catch	事件绑定,遵循驼峰命名规范

1. 基础组件

小程序中提供了 4 个基础组件,用于在页面中展示文本、图表、进度条和富文本,小程序中支持的基础组件如下。

1) text 文本组件

文本组件能够在页面中展示出一段文本,文本组件除共有属性外还能够设置是否可选、多行省略等,语法格式如下。

```
<text key=value></text>
```

text 文本组件属性见表 8-2。

表 8-2 text 组件属性

属性	描述
selectable	是否可选。默认值:false
space	以何种方式显示连续空格,其中: Nbsp:根据字体设置的空格大小 Ensp:中文字符空格一半大小 Emsp:中文字符空格大小

续表

属性	描述
decode	是否解码。默认值:false
number-of-lines	多行省略,值须大于等于1

2)icon 图标组件

小程序中提供了用于在页面中展示 icon 小图标的组件,包含9种类型,并且能够根据需要调整大小和颜色,语法格式如下。

```
<icon key=value />
```

icon 组件属性见表 8-3。

表 8-3　icon 组件属性

属性	描述
type	icon 类型。有效值:info、warn、waiting、cancel、download、search、clear、success、success_no_circle、loading
size	icon 大小,单位 px
color	icon 颜色,同 CSS 色值

3)progress 进度条

进度条是表示一个任务进度的重要工具,使用小程序提供的进度条组件能够快速地在页面中构建一个进度条,语法格式如下。

```
<progress key=value />
```

progress 组件属性见表 8-4。

表 8-4　progress 组件属性

属性	描述
percent	百分比(0~100),值为 float 类型
show-info	在右侧显示百分比值,默认值:show-info="{{false}}"
stroke-width	线的粗细,单位 px,默认值:6
active-color	已选择的进度条颜色,默认值:#09BB07
background-color	未选择的进度条颜色
active	是否添加从 0% 开始加载的入场动画,默认值:active="{{false}}"

4)rich-text 富文本

小程序中的富文本组件使用 rich-text 完成,语法格式如下。

```
<rich-text key=value></rich-text>
```

rich-text 组件属性见表 8-5。

表 8-5 rich-text 组件属性

属性	描述
nodes	节点列表,目前仅支持使用 Array 类型
onTap	触摸
onTouchstart	触摸动作开始
onTouchmove	触摸移动事件
onTouchcancel	触摸动作被打断
onTouchend	触摸动作结束
onLongtap	触摸后,超过 500 ms 再离开

2. 表单组件

小程序中的表单组件功能与微信小程序和 HTML5 中表单组件的功能和标签名称基本类似,主要应用于采集用户输入的各种信息,支付宝小程序中支持的表单组件如下。

1) button 按钮组件

button 表示一个按钮组件,用于当用户点击时触发某个事件,并且支付宝小程序中的按钮组件包含多种样式和开放功能,button 语法格式如下。

```
<button key=value></button>
```

语法中 key 表述属性,value 表示属性值,button 组件常用属性见表 8-6。

表 8-6 button 组件常用属性

属性	描述
size	按钮尺寸,有效值 default(默认)、mini(小尺寸)
type	按钮的样式类型,有效值 primary、default(默认)、warn
plain	是否镂空
disabled	是否禁用。默认值:false
loading	按钮是否包含 loading 图标。默认值:false
hover-class	按钮按下去的样式类
hover-start-time	按下按钮后间隔多少时间出现点击效果,单位毫秒,默认为 20
hover-stay-time	松开按钮后点击状态的保留时间,单位毫秒,默认为 70
form-type	用于 form 表单组件,点击分别会触发 submit/reset 事件

续表

属性	描述
open-type	开放能力,其中: share:触发自定义分享 getAuthorize:支持小程序授权 contactShare:分享到通讯录好友 lifestyle:关注生活号
scope	当 open-type 为 getAuthorize 时有效,可通过 phoneNumber 授权小程序获取用户绑定的手机号,通过 userInfo 授权小程序获取支付宝会员基础信息

2)label 组件

label 组件用来改进表单组件的可用性,需要注意的是 label 组件不支持 onTap、catchTap 等点击事件。并且仅支持绑定 checkbox、radio、input、textarea 4 个组件。语法格式如下。

```
<label for=" id ">
<!-- 绑定的组件 -->
</label>
```

for 属性表示绑定的组件的 ID。

3)input 输入框

输入框是表单组件中最为常用的组件之一,输入框组件能够接收用户使用键盘输入的信息,并且可设置输入内容的类型、长度、显示形式等。当用户需要输入文字内容时点击文本框,它将自动打开键盘。语法格式如下。

```
<input key=value></input>
```

input 输入框组件常用属性见表 8-7。

表 8-7　input 输入框组件常用属性

属性	描述
value	初始内容
name	组件名字,用于表单提交获取数据
type	input 的类型,有效值:text(文本输入)、number(输入数字)、idcard(身份证输入)、digit(带有小数点的数字键盘)、numberpad、digitpad、idcardpad
password	是不是密码类型,默认为:false
placeholder	占位符
placeholder-style	指定 placeholder 的样式
placeholder-class	指定 placeholder 的样式类
disabled	是否禁用:默认为:false
maxlength	最大长度。默认值:140

续表

属性	描述
focus	获取焦点。默认为 false，iOS 系统支付宝客户端版本 10.1.80 及以上不支持 focus="{{true}}" 自动唤起
confirm-type	设置键盘右下角按钮的文字，有效值：done（完成）、go（前往）、next（下一个）、search（搜索）、send（发送），仅在 type=text 时有效。默认为 done
random-number	当 type 为 number、digit、idcard 数字键盘是否随机排列。默认值：false
onConfirm	点击键盘完成时触发事件

4）textarea 多行输入框

与 input 输入框组件相比，多行文本输入框功能较少，主要用于接收长度较长的字符串，语法格式如下。

```
<textarea key=value />
```

该组件除了包含 input 属性中的 name、value、placeholder、placeholder-style、placeholder-class、disabled、maxlength、focus、onConfirm，同时还包含特有的属性，textarea 属性见表 8-8。

表 8-8　textarea 多行输入框常用属性

属性	描述
auto-height	是否自动增高。默认值：false
show-count	是否渲染字数统计功能（是否删除默认计数器 / 是否显示字数统计）。默认值：true
confirm-type	设置键盘右下角按钮的文字。有效值：return（换行）、done（完成）、go（前往）、next（下一个）、search（搜索）、send（发送）注意：仅支持 Android。默认值：return
onInput	键盘输入时触发

5）单选按钮与单选按钮组

小程序中单选按钮为 radio，单选按钮组为 radio-group，两个组件组合使用即可实现单选效果，在同一 radio-group 中的 radio，只能有一个被选择，即为单选效果，语法格式如下。

```
<radio-group key=value>
    <radio key=value />
    <text >{{ 展示内容 }}</text>
</radio-group>
```

radio 单选按钮组件属性见表 8-9。

表 8-9 radio 单选按钮组件属性

属性	描述
value	选中时 change 事件携带的 value 值
checked	当前是否选中，默认值：false
disabled	是否禁用，默认值：false
color	radio 的颜色，同 CSS 色值

radio-group 按钮组常用属性见表 8-10。

表 8-10 radio-group 按钮组常用属性

属性	描述
onChange	选中项发生变化时触发
name	组件名字，用于表单提交获取数据

6) 多项选择器与多项选择器组

多项选择主要应用于需要用户勾选多个选项的场景，如采集用户的个人爱好，小程序中多项选择器为 checkbox，多项选择器组为 checkbox-group，语法格式如下。

```
<checkbox-group onChange="onChange" name="libs">
  <label class="checkbox" a:for="{{items}}" key="label-{{index}}">
    <checkbox key=value />
    <text>{{ 展示内容 }}</text>
  </label>
</checkbox-group>
```

checkbox 除包含 radio 所有属性外增加了 onChange 属性，用于指定组件发生改变时触发。checkbox-group 与 radio-group 属性一致。

7) switch 单选开关

单选开关通常用于表示开关量，其中 iOS 单选开关为圆形，Android 单选开关为方形。switch 不支持自定义样式，语法格式如下。

```
<switch key=value />
```

switch 单选开关组件属性说明见表 8-11。

表 8-11 switch 单选开关属性说明

属性	描述
name	组件名称，用于提交表单时获取数据
checked	是否选中

续表

属性	描述
disabled	是否禁用
color	组件颜色
onChange	checked 改变时触发
controlled	是否为受控组件,为 true 时,checked 会完全受 setData 控制。默认值:false

8)slider 滑动选择器

slider 滑动选择器常用于控制用户输入的数值范围,以及接收用户输入的数值,语法格式如下。

```
<slider key=value />
```

slider 滑动选择器属性说明见表 8-12。

表 8-12 slider 滑动选择器属性

属性	描述
name	组件名称,用于表单提交获取数据
min	最小值,默认值为 0
max	最大值,默认值为 100
step	步长,值必须大于 0,并可被(max-min)整除。默认值:1
disabled	是否禁用,默认值为 false
value	当前取值,默认值为 0
show-value	是否显示当前 value,默认值为 false
active-color	已选择的颜色,同 CSS 色值
background-color	背景条颜色,同 CSS 色值
track-size	轨道线条高度,默认值为 4
handle-size	滑块大小,默认值为 22
handle-color	滑块填充色,同 CSS 色值
onChange	完成一次拖动后触发
onChanging	拖动过程中触发的事件

9)picker-view 滚动选择器

滚动选择器常用于日期和时间的选择,该组件内部不能放入 hidden 或 display none 的节点,需要隐藏可使用 a:if 进行控制,语法格式如下。

```
<picker-view key=value>
    <picker-view-column>
        <view>……</view>
        ……
    </picker-view-column>
    <picker-view-column>
        <view>……</view>
        ……
    </picker-view-column>
</picker-view>
```

其中每个 picker-view 表示一个滚动选择器,每个 picker-view-column 表示滚动选择器中的列,view 表示滚动选择器中的选项,picker-view 滚动选择器组件属性说明见表 8-13。

表 8-13　picker-view 滚动选择器组件属性说明

属性	描述
value	数组中的数字表示 picker-view-column 中对应的 index
indicator-style	选中框样式
indicator-class	选中框的类名
mask-style	蒙层的样式
mask-class	蒙层的类名
onChange	滚动选择 value 改变时触发
onPickerStart	滚动选择开始时触发事件
onPickerEnd	滚动选择结束时触发事件

10)picker 底部弹起的滚动选择器

底部弹起的滚动选择器通常会包含一个或多个不同值的可滚动列表,每个值可以在视图的中心以较暗的文本形式显示。使用时会从屏幕底部弹起(iOS)或中间弹出(Android)。语法格式如下。

```
<picker key=value>
    <view> 当前选择的选项 {{array[index]}}</view>
</picker>
```

picker 底部弹起的滚动选择器属性说明见表 8-14。

表 8-14　picker 底部弹起的滚动选择器属性说明

属性	描述
title	标题
range	滚动器中显示的项
value	表示选择了 range 中数据的索引（下标从 0 开始）
onChange	value 改变时触发
disabled	是否禁用

11) form 表单

表单主要用于对以上组件的内容进行提交，当点击 form 表单中 form-type 为 submit 的 button 组件时，会将表单组件值进行提交，语法格式如下。

```
<form key=value>
    <!-- 表单组件 -->
</form>
```

form 表单属性说明见表 8-15。

表 8-15　form 表单属性说明

属性	描述
report-submit	onSubmit 回调是否返回 formId
onSubmit	携带 form 中的数据触发 submit 事件
onReset	表单重置时会触发 reset 事件

通过对表单组件的学习，实现一个简单的表达，用于采集学生基本信息，包括姓名、体重、是否近视、性别和兴趣爱好信息，并实现点击提交打印全部数据，点击充值恢复默认。使用表单组件构建一个页面，用于对用户输入的数据进行采集和提交，效果如图 8-2 至图 8-4 所示。

图 8-2　页面结构

图 8-3　设置样式

图 8-4　提交数据

为了实现图 8-2 至图 8-4 所示的效果，代码 CORE0801 如下。

代码 CORE0801：index.axml

```xml
<view class="page">
  <form onSubmit="onSubmit" onReset="onReset">
    <view class="page-section">
      <view class="form-row">
        <view class="form-row-label"> 姓名 </view>
        <view class="form-row-content">
          <input name="name" class="input" placeholder="input something" />
        </view>
      </view>
    </view>
    <view class="page-section">
      <view class="page-section-title"> 体重 (KG)</view>
      <view class="page-section-demo">
        <slider value="50" max="150" name="weight" min="30" show-value />
      </view>
    </view>
    <view class="page-section">
      <view class="form-row">
        <view class="form-row-label"> 是否近视 </view>
        <view class="form-row-content" style="text-align: right">
          <switch name="myopia" />
        </view>
      </view>
    </view>
    <view class="page-section">
      <view class="page-section-title"> 性别 </view>
      <view class="page-section-demo">
      <radio-group name="Gender">
        <label><radio value=" 男 " /> 男 </label>
        <label><radio value=" 女 " /> 女 </label>
      </radio-group>
      </view>
    </view>
    <view class="page-section">
      <view class="page-section-title"> 爱好 </view>
```

```
            <view class="page-section-demo">
                <checkbox-group name="hobby">
                    <label><checkbox value=" 音乐 " /> 音乐 </label>
                    <label><checkbox value=" 读书 " /> 读书 </label>
                </checkbox-group>
            </view>
            <view class="page-section-btns">
                <view><button type="ghost" size="mini" formType="reset"> 重置 </button></view>
                <view><button type="primary" size="mini" formType="submit"> 提交 </button></view>
            </view>
        </view>
    </form>
</view>
```

对页面进行美化，设置背景颜色"#F7F7F7"、内边距为 32 rpx，并设置每个指标上下间距，代码 CORE0802 如下。

代码 CORE0802：index.acss

```
page {
    background-color: #F7F7F7;
    box-sizing: border-box;
}
.page {
    font-family: -apple-system-font,Helvetica Neue,Helvetica,sans-serif;
    font-size: 24rpx;
    padding: 32rpx;
    flex: 1;
}
.page-section {
    background: #fff;
    margin-bottom: 32rpx;
}

.page-section-title {
    padding: 16rpx 32rpx;
}
.page-section-demo {
```

```css
    padding: 32rpx;
}
.form-row {
    display: flex;
    align-items: center;
    padding: 0 30rpx;
    height: 88rpx;
    align-items: center;
}
.form-row-label {
    width: 180rpx;
    font-size: 34rpx;
    margin-right: 10rpx;
    text-align: left;
    color: #000;
}
.form-row-content {
    flex: 1;
    font-size: 34rpx;
}
.page-section-btns {
    border-top: 1px solid #ddd;
    display: flex;
    justify-content: space-around;
    align-items: center;
}
```

编写逻辑代码,当点击 submit 按钮时触发"onSubmit"方法,将输入的结果进行打印,代码 CORE0803 如下。

代码 CORE0803:index.js

```js
Page({
  data: {},
  onSubmit(e) {
    my.alert({
      content: `数据:${JSON.stringify(e.detail.value)}`,
    });
  },
});
```

3. 媒体组件

媒体组件顾名思义，主要用于在页面中展示媒体文件（图片和视频），小程序中提供了两个常用的媒体组件，分别为 image（图片组件）、video（视频组件）。

1）image 图片组件

image 图片组件能够在页面中展示图片，支持 JPG、PNG、SVG、WEBP、GIF 等格式，并且支持对图片裁剪、缩放和事件的操作，语法格式如下。

```
<image key=value />
```

Image 图片组件说明见表 8-16。

表 8-16 image 图片组件属性说明

属性	描述
src	图片地址
mode	图片模式
class	外部样式
style	内联样式
default-source	src 所引入图片加载完成前显示的图片
onload	图片载入完毕时触发
onError	当图片加载错误时触发
onTap	点击图片时触发
catchTap	点击图片时触发，阻止事件冒泡

在小程序中图片的模式共分为两类共 14 种，其中 5 种缩放模式、9 种裁剪模式，缩放模式与裁剪模式说明见表 8-17 和表 8-18。

表 8-17 图片缩放模式

属性	描述
scaleToFill	不保持纵横比缩放，图片将完全拉伸填满 image 元素
aspectFit	保持纵横比缩放，仅保证图片长边完全显示
aspectFill	保持纵横比缩放，仅保证图片短边完全显示
widthFix	宽度不变，高度自动变化，保持原图宽高比不变
heightFix	高度不变，宽度自动变化，保持原图宽高比不变

表 8-18 图片裁剪模式

属性	描述
Top	只显示顶部区域

属性	描述
bottom	只显示底部区域
center	只显示中间区域
left	只显示左边区域
right	只显示右边区域
top left	只显示左上边区域
top right	只显示右上边区域
bottom left	只显示左下边区域
bottom right	只显示右下边区域

2）video 视频组件

小程序开发者可通过使用 video 视频组件向页面中添加视频，并且用户可通过该组件对视频进行播放，目前仅支持优酷指定渠道上传视频。语法格式如下。

`<video key=value />`

video 视频组件常用属性见表 8-19。

表 8-19　video 视频组件常用属性

属性	描述
style	内联样式
class	外部样式名
src	要播放视频的资源地址
poster	视频封面图的 url，支持 jpg、png 等图片
object-fit	当视频大小与 video 容器不一致时，视频的表现形式。contain：包含，fill：填充
initial-time	指定视频初始播放位置
controls	是否显示默认播放控件
autoplay	是否自动播放
direction	设置全屏时视频的方向，有效值为 0（正常竖向），90（屏幕逆时针 90°），-90（屏幕顺时针 90°），不指定则根据宽高比自动判断
loop	是否循环播放
muted	是否静音播放
show-fullscreen-btn	是否显示全屏按钮
show-play-btn	是否显示视频底部控制栏的播放按钮
show-center-play-btn	是否显示视频中间的播放按钮

续表

属性	描述
show-mute-btn	是否展示工具栏上的静音按钮
show-thin-progress-bar	当底部工具条隐藏时,是否显示细进度条
enable-progress-gesture	全屏模式下是否开启手势控制进度
mobilenet-hint-type	移动网络提醒样式
onPlay	当开始/继续播放时触发
onPause	当暂停播放时触发
onEnded	当播放到末尾时触发
onTimeUpdate	播放进度变化时触发
onLoading	视频出现缓冲时触发
onError	视频播放出错时触发
onFullScreenChange	视频进入和退出全屏时触发
onStop	视频播放终止

在使用小程序播放视频前,需要登录"https://mp.youku.com/new/upload_home"优酷创作中心上传要播放的视频,登录成功后,选择要上传的视频,然后设置视频标题,并设置权限为"仅小程序可播"点击保存发布。结果如图 8-5 所示。

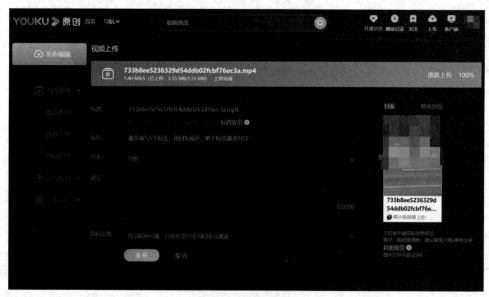

图 8-5 上传视频

上传视频通过审核后,开发者进入视频管理页面,点击播放后在浏览器地址栏找到播放地址,其中 v_show/id_ 之后的部分则为视频码。例如网址为"https://v.youku.com/v_show/id_XNTg5NzY4OTc4OA==.html"。XNTg5NzY4OTc4OA== 即为视频码。

4. UI 组件库

支付宝为开发者提供了丰富的 UI 组件库以及使用案例,组件库名为"Ant Design Mini",支付宝的 UI 组件库历经 mini-antui、mini-ali-ui 迭代至 antd-mini,对组件进行了增强,并新增了基础组件用以满足开发者的需求。支付宝小程序提供了数十种 UI 组件供开发者使用,UI 组件库中的常用组件见表 8-20。

表 8-20 UI 组件库

组件名	描述
TabBar	底部导航栏
Tabs	标签页
Avatar	头像
Collapse	折叠面板
Container	容器
Progress	进度条
Grid	宫格
Switch	开关

使用小程序开发工具创建空白项目,并在该项目的根目录下执行命令,安装小程序组件,命令如下。

```
npm i antd-mini -S
```

结果如图 8-6 所示。

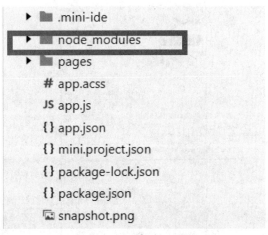

图 8-6 小程序 UI 组件

UI 组件库中每个组件都对应了不同的组件名称以及属性,以导航组件"Tabs"为例介绍使用方法,Tabs 组件能够将内容分成同层级结构的组,进行内容切换展示,用在表单或者准列表界面的顶部,Tabs 标签页组件语法格式如下所示。

```
<tabs key=value>
    <block a:for="{{ 数据 }}">
        <tab-content uid="{{ 唯一 ID }}" tab="{{ 自定义数据名称 }}">
            <view class="content">{{ 数据内容 }}</view>
        </tab-content>
    </block>
</tabs>
```

Tabs 组件中的常用属性见表 8-21。

表 8-21 Tabs 组件中的常用属性

属性	说明
type	选项卡类型，basis(基础)，capsule(胶囊)，mixin(混合)
index	当前激活状态下的选项卡索引
sticky	是否支持吸顶
stickyTop	吸顶高度
uid	当页面有多个 Tabs 时需传入
adjustHeight	自动以指定滑块的高度为整个容器的高度
animation	是否有过渡动画
swipeable	是否支持手势切换

将 tabs 标签页组件引入到页面的 JSON 文件中，结果如图 8-7 所示。

图 8-7 tabs 标签页

为了实现图 8-7 所示的效果，代码 CORE0804 如下。

代码 CORE0804：app.json
```json
{
  "usingComponents": {
    "tabs": "/node_modules/antd-mini/es/Tabs/index",
    "tab-content": "/node_modules/antd-mini/es/Tabs/TabItem/index",
    "list": "/node_modules/antd-mini/es/List/index",
    "list-item": "/node_modules/antd-mini/es/List/ListItem/index",
    "icon": "/node_modules/antd-mini/es/Icon/index"
  }
}
```

在"page.js"文件中设置初始化数据和实现点击切换选项卡的效果，代码 CORE0805 如下。

代码 CORE0805：page.js
```js
Page({
  data: {
    tab1Index: 0, // 被选中的选项卡的编号
    tabList: [
      {
        title:" 水果 ",
        content:" 西瓜 ",
      },{
        title:" 蔬菜 ",
        content:" 西红柿 ",
      },{
        title:" 动物 ",
        content:" 蚂蚁 ",
      },
    ],
  },
  handleChangeTab1(index) {
    this.setData({ tab1Index: index });
  },
});
```

上述代码中"tabList"数据中的每一项均为固定写法，title 为选项卡的文件，content 为内容。编写页面结构，在页面中 tabs 组件显示标签页，代码 CORE0806 如下。

代码 CORE0806: index.axml

```
<tabs uid="{{'tab2'+idx}}" type="capsule" onChange="handleChangeTab1" index="{{tab1Index}}" animation swipeable>
    <block a:for="{{tabList}}">
        <tab-content uid="{{'tab2'+idx}}" tab="{{item}}">
            <view class="content">{{item.content}}</view>
        </tab-content>
    </block>
</tabs>
```

5.swiper 滑块视图容器

swiper 滑块视图容器能够在页面中构建一个具有滑动功能和效果的容器,每个容器中可添加不同的内容,滑动可设置定时滑动或手动滑动,语法格式如下。

```
<swiper>
    <swiper-item>
        content
    </swiper-item>
</swiper>
```

其中 swiper-item 为滑动容器中的每个滑块。swiper 可以有多个 swiper-item,但是前台完整展示的只有一个,swiper 常用属性见表 8-22。

表 8-22 swiper 常用属性

属性	描述
indicator-dots	是否显示指示点
indicator-color	指示点颜色
indicator-active-color	选中状态下指示点颜色
autoplay	是否自动切换
current	当前页面的 index
duration	滑动动画时长
interval	自动切换时间间隔

技能点二 应用级事件

应用级事件 API 用于监听某个事件是否被触发,API 以 my.on 开头,API 接受一个回调函数作为参数,当事件被触发时,会触发回调函数。该回调函数可传递给对应的以 my.off 开头的同名 API 用于解除监听关系,若直接调用以 my.off 开头的同名 API 则解除所有监听关系。常用的应用级事件 API 见表 8-23。

表 8-23　常用应用及事件 API

API 名称	功能
my.onAppHide	监听与取消小程序切换后台事件
my.onAppShow	监听与取消小程序切换前台事件
my.onError	监听与取消小程序错误事件

1. 监听与取消小程序切换后台事件

监听小程序切换后台事件使用 my.onAppHide,该事件 API 与小程序注册中的 onHide 参数的回调机制相同,取消监听小程序切换后台事件 API 使用 my.offAppHide,my.onAppHide 与 my.offAppHide 需要接收一个共同的回调函数(callback)。

在页面逻辑文件中编写代码,定义回调函数,当页面加载时触发小程序切换后台监听事件,并编写取消监听切换到后台方法,语法格式如下。

　　my.onAppHide(callback)
　　my.offAppHide(callback)

2. 监听与取消小程序切换前台事件

监听小程序切换前台事件使用 my.onAppShow,该事件 API 与小程序注册中的 onShow 参数的回调机制一致,对应的取消监听 API 为 my.offAppShow,my.onAppShow 与 my.offAppShow 需要接收一个共同的回调函数。

在页面逻辑文件中编写代码,编写回调函数,当页面加载时触发小程序切换前台监听事件,并编写取消监听方法,语法格式如下。

　　my.onAppShow(callback)
　　my.onAppShow(callback)

3. 监听与取消小程序错误事件

监听小程序错误事件使用 my.onError,对应的取消监听 API 为 my.offError,my.onError 与 my.onError 需要接收一个共同的回调函数。该回调函数中可包含两个属性,小程序错误事件回调函数属性说明见表 8-24。

表 8-24　错误事件回调函数属性说明

属性	说明
error	异常描述
stack	异常堆栈

在页面逻辑文件中编写代码,定义回调函数,当页面加载时触发监听小程序错误事件,并编写取消监听方法,语法格式如下。

```
this.callback= (error,stack) => {
    // 小程序执行出错时
    console.log(error);
    console.log(stack)
}
my.onError(this.callback);
my.offError(this.callback);
```

技能点三　界面

1. 路由

页面路由 API 一共有 5 个,分别是:my.switchTab、my.reLaunch、my.redirectTo、my.navigateTo、my.navigateBack,上述 5 个 API 虽然都能实现页面的跳转,但其跳转逻辑也存在一些特性,具体使用方法如下。

(1)my. switchTab。该 API 主要用于跳转到指定的 tabBar(标签页),并且会关闭其他所有非标签页页面。

(2)my.reLaunch。该 API 用于关闭所有页面,跳转到应用内的某个页面,若在插件内调用,则仅能跳转到此插件的页面,不能跳转到小程序页面或其他插件页面。

(3)my.redirectTo。该 API 用于关闭当前页面,打开指定页面,并且会清除当前页面的历史记录,无法使用 my.navigateBack() 返回。

(4)my.navigateTo。该 API 用于保留当前页面,然后跳转到新页面。跳转成功可在目标页面使用 my.navigateBack,可返回到当前页。

以 my.switchTab 为例,my.switchTab、my.reLaunch、my.redirectTo、my.navigateTo 语法格式如下。

```
my.switchTab({
    url: '../my/index',
    event:function,
    success:function,
    fail:function,
    complete:funtion
})
```

参数说明见表 8-25。

表 8-25 路由 API 参数说明

参数	描述
url	跳转的标签页的路径
event	页面通信的事件监听,用于接收被打开页面传送的数据。（仅支持 my.navigateToAPI）
success	调用成功的回调函数
fail	调用失败的回调函数
complete	调用结束的回调函数

（5）my.navigateBack。该 API 用于关闭当前页面,返回上一级或多级页面,语法格式如下。

```
my.navigateBack({
  delta:number
})
```

其中 delta 表示返回的页数,若 delta 大于现有打开的页面数,则返回到首页。

（6）页面事件通道。页面事件通道能够实现在页面间跳转的同时实现事件的监听,页面事件通道方法见表 8-26。

表 8-26 页面事件通道方法

方法	描述
EventChannel.emit	触发一个事件
EventChannel.on	持续监听一个事件
EventChannel.once	监听一个事件一次,触发后失效
EventChannel.off	取消监听一个事件

EventChannel.emit 语法格式如下。

```
res.eventChannel.emit(eventName,args);
```

参数说明见表 8-27。

表 8-27 EventChannel.emit 参数说明

参数	描述
eventName	需要触发的事件的名称
args	事件的参数

EventChannel.on、EventChannel.once 与 EventChannel.off 语法格式与参数均一致,以 EventChannel.on 为例,语法格式如下。

```
eventChannel.on('openerToOpened',callback)
```

参数说明见表8-28。

表8-28 通道事件参数说明

参数	描述
eventName	需要监听的事件的名称
callback	事件监听函数

2. 通讯录

联系人API主要用于唤起本地和支付宝通讯录以及选择支付宝联系人,并获取联系人的姓名和电话,支付宝小程序中包含的联系人API详细说明如下。

1)唤起支付宝通讯录

唤起支付宝通讯录使用my.chooseAlipayContact,该API支持在支付宝的通讯录中选择一个或多个联系人,语法格式如下。

```
my.chooseAlipayContact({
count:1,
success:Function,
fail:Function,
complete:Function
});
```

参数说明见表8-29。

表8-29 唤起支付宝通讯录参数说明

属性	描述
count	单次最多选择联系人个数,默认值为1,最大值为10
success	调用成功的回调函数
fail	调用失败的回调函数
complete	调用结束的回调函数(调用成功、失败都会执行)

其中success回调函数中,会返回Object类型的对象,对象中包含通讯录中联系人的基本信息,见表8-30。

表8-30 调用成功回调函数详细信息

属性	描述
realName	账号的真实姓名
mobile	账号对应的手机号码
email	账号的邮箱
avatar	账号的头像链接
userId	支付宝账号唯一标识符

2）选择本地通讯录联系人

选择本地通讯录联系人使用 my.choosePhoneContact，该 API 只能选中本地通讯录中的一个联系人，语法格式如下。

```
my.choosePhoneContact({
  success:Function,
  fail:Function,
  complete:Function,
})
```

参数含义与 my.chooseAlipayContact 中包含的参数一致，my.choosePhoneContact 中不包含 count 参数。

技能点四　位置与缓存

1. 位置

支付宝小程序中提供了用于获取地理位置的 API，能够通过在地图中标点和定位的方式快速获得具体位置，使用的地图为支付宝的内置地图。语法格式如下。

```
my.chooseLocation({
  success:Function,
  fail:Function,
  complete:Function
})
```

参数含义与 my.choosePhoneContact 一致，其中 success 回调函数会返回 Object 类型的数据，其中各项数据说明见表 8-31。

表 8-31　调用成功回调函数详细信息

属性	描述
latitude	纬度，浮点数，范围为 -90~90，负数表示南纬
longitude	经度，浮点数，范围为 -180~180，负数表示西经
name	位置名称
provinceName	位置所在省
cityName	位置所在市
address	详细地址

课程思政：在自己的岗位上发光发热

人生就像一盘棋，我们既是棋手，也是棋子，不管是棋手还是棋子，我们也都有自己的位置。不管在家庭还是职场中，我们都扮演着某种角色或者说处于某种位置上，因此，找到适合自己的位置尤为重要，很多人觉得，事业做得越大越好，职位越高越好，而事实是最好的位置不一定是最高的位置，适合自己的才是最好的。如果德不配位，最终会酿成苦果。而位置如果太低，你的能力得不到发挥，天赋也受到了压抑，热情也会被极大地打击，这样的位置待久了，你会开始怀疑自己，变得极其不自信。

只有和自己的能力、见识和眼界相匹配的位置才是最好的位置，在这样的位置上，我们可以尽情地发挥自己的聪明才智，创造应有的价值。我们应该在自己的岗位上发光发热，传承红色基因，赓续红色血脉，立足本职，接续奋斗，不负青春，不负韶华，不负这个伟大的时代。

2. 缓存

开启本地缓存后，能够将数据保存到用户设备中，并且能够进行获取或删除，通过缓存能够记录用户对小程序的操作状态等信息。支付宝小程序中单个小程序的缓存总上限为10 MB，支付宝小程序中提供了同步缓存和异步缓存，同步方法会阻塞当前任务，直到同步方法处理返回。异步方法不会阻塞当前任务。缓存方法见表 8-32。

表 8-32　缓存

操作	同步	异步	描述
存储	my.setStorageSync	my.setStorage	数据存储在本地缓存中指定的 key 中的接口，会覆盖掉原来该 key 对应的数据
读取	my.getStorageSync	my.getStorage	获取缓存数据的接口
清除	my.clearStorageSync	my.clearStorage	清除本地数据缓存的接口
删除	my.removeStorageSync	my.removeStorage	删除缓存数据的接口
获取相关信息	my.getStorageInfoSync	my.getStorageInfo	获取当前 storage 的相关信息的接口

技能点五　设备

设备 API 主要应用于操作或获取手机上传感器以及硬件设备的场景，其中常用 API 包括获取网络状态、拨打电话、屏幕亮度、权限引导和扫码等，API 使用方法及详细说明如下。

1. 获取网络状态

获取网络状态使用 my.getNetworkType，该 API 调用成功后可返回网络的可用状态以及网络的类型值（UNKNOWN / NOTREACHABLE / WIFI / 3G / 2G / 4G / WWAN），语法格式如下。

```
my.getNetworkType({
    success:Function,
    fail:Function,
```

```
complete:Function
})
```

参数含义与 my.choosePhoneContact 一致，其中调用成功的回调函数会返回 Object 类型的数据，其中各项数据说明见表 8-33。

表 8-33　调用成功回调函数详细信息

属性	描述
networkAvailable	网络是否可用
networkType	网络类型值

2. 拨打电话

拨打电话常用于点击按钮联系官方客服的功能，支付宝小程序 API 为 my.makePhoneCall，该功能依赖于真机本身的拨号软件，不支持在 IDE 中调试，语法格式如下。

```
my.makePhoneCall({
number:phonenumber,
success:Function,
fail:Function,
complete:Function
})
```

Number 表示要拨打的有效电话号码，success、fail 和 complete 表示调用成功、失败以及调用后的回调函数。

3. 屏幕亮度

屏幕亮度 API，支持使用小程序获取设备屏幕的亮度、设置屏幕亮度以及在小程序内保持屏幕常亮。API 名称及功能见表 8-34。

表 8-34　屏幕亮度 API

API 名称	描述
my.getScreenBrightness	获取屏幕亮度
my.setScreenBrightness	设置屏幕亮度
my.setKeepScreenOn	小程序是否保持屏幕长亮状态

语法格式如下。

```
// 获取屏幕亮度
my.getScreenBrightness({
success:Function,
```

```
fail:Function,
complete:Function
    })
// 设置屏幕亮度
my.setScreenBrightness({
brightness:Number,
success:Function,
fail:Function,
complete:Function
})
// 小程序内保持屏幕长亮
my.setKeepScreenOn({
keepScreenOn:Boolean,
success:Function,
fail:Function,
complete:Function
})
```

参数说明见表 8-35。

表 8-35　屏幕亮度 API 参数说明

属性	描述
success	调用成功后的回调函数
fail	调用失败后的回调函数
complete	调用结束后的回调函数
brightness	需要设置的屏幕亮度，取值范围 0~1
keepScreenOn	是否保持屏幕长亮状态

4. 权限引导

小程序中的部分功能或 API 需要涉及手机上的特定设备以及使用权限，需要用户在系统设置中授予支付宝小程序权限。如果相关权限缺失，而该权限对于小程序的使用又不可缺少，则需要给予用户引导。支付宝小程序中权限引导 API 为 my.showAuthGuide，该 API 弹出图文提示对话框，引导用户打开并授予支付宝指定权限。语法格式如下。

```
my.showAuthGuide({
authType:String,
success: Function,
fail:Function,
complete:Function
});
```

参数说明见表 8-36。

表 8-36　权限引导 API 参数说明

参数	描述
authType	引导的权限标识,用于标识该权限类型
success	调用成功的回调函数
fail	调用失败的回调函数
complete	调用结束的回调函数

权限引导 API 支持的权限标识见表 8-37。

表 8-37　权限标识

权限名称	权限码
相机	CAMERA
相册	PHOTO
地理位置	LBS
蓝牙	BLUETOOTH
麦克风	MICROPHONE
通讯录	ADDRESSBOOK
push 通知栏权限	NOTIFICATION
后台保活	BACKGROUNDER
创建桌面快捷方式	SHORTCUT

5. 扫码

扫码功能是小程序中比较常用的功能之一,通过扫码能够快速获得信息,扫码 API 语法格式如下。

```
my.scan({
scanType:Array,
hideAlbum:Boolean,
success:Function,
fail:Function,
complete:Function
})
```

参数说明见表 8-38。

表 8-38　扫码 API 参数说明

参数	描述
scanType	扫码识别类型，默认值为 ['qrCode','barCode']
hideAlbum	不允许从相册选择图片，只能从相机扫码。默认值为 false
success	调用成功的回调函数
fail	调用失败的回调函数
complete	调用结束的回调函数

调用成功后回调函数会返回一个 Object 类型的对象，包含了扫码获得的数据，说明见表 8-39。

表 8-39　扫码返回值

属性	描述
code	扫码所得数据
scanType	码类型
result	码内容
imageChannel	来源
rawData	Base64 字节流

技能点六　媒体

1. 图片

图片 API 主要用于对图片的处理，支持从相机获取图片、从相册获取图片和图片预览。常用的图片 API 如下所示。

1) 拍照或从相册获取图片

支付宝小程序中使用 my.chooseImage 实现拍照或从相册获取图片，语法格式如下。

```
my.chooseImage({
count:Number,
sizeType: StringArray,
sourceType: StringArray,
success:Function,
fail:Function,
complete:Function
});
```

参数说明见表 8-40。

表 8-40 my.chooseImage 参数说明

参数	描述
count	可选照片数量默认为 1 张
sizeType	图片类型,可选值:original:原图,compressed:压缩图
sourceType	相册('album')选取或者拍照('camera'),默认 ['camera','album']
success	调用成功的回调函数
fail	调用失败的回调函数
complete	调用结束的回调函数

调用成功后回调函数会返回图片的临时文件列表以及本地临时文件列表,属性见表 8-41。

表 8-41 回调函数返回属性

属性	描述
tempFilePaths	图片的本地临时文件路径列表
tempFiles	图片的本地临时文件列表

2)预览图片

小程序中预览图片 API 使用 my.previewImage,通常会与 my.chooseImage 获取图片共同使用,对选择的图片进行预览,语法格式如下。

```
my.previewImage({
urls:Array,
current:Number,
enablesavephoto:Boolean,
enableShowPhotoDownload:Boolean,
success:Function,
fail: Function,
complete:Function,
});
```

参数说明见表 8-42。

表 8-42 my.previewImage 参数说明

参数	描述
urls	图片地址

续表

参数	描述
current	默认显示 urls 中的第几张图片,默认为 0
enablesavephoto	照片是否支持长按下载
enableShowPhotoDownload	是否显示下载入口,需要配合 enablesavephoto 参数使用
success	调用成功的回调函数
fail	调用失败的回调函数
complete	调用结束的回调函数

2. 视频

视频 API 可与媒体组件中的 video 组件配合使用,对视频的状态进行控制,如播放、暂停、快进、停止播放等。支付宝小程序通过向 my.createVideoContext 传入 video 组件的 id,返回一个 videoContext 对象。通过该对象完成对视频的控制,创建 videoContext 对象语法如下。

```
this.videoContext = my.createVideoContext('myVideo'); // 创建对象
this.videoContext.play     // 使用 play 方法播放视频
```

videoContext 对象方法见表 8-43。

表 8-43　videoContext 对象方法

方法	描述
Play	播放
pause	暂停
stop	停止
seek	跳转到指定位置,单位为秒
requestFullScreen	进入全屏。0:正常竖屏,90:横屏,-90:反向横屏
exitFullScreen	退出全屏
mute	切换静音状态
playbackRate	设置倍速播放(0.5~2.0)
showFloatingWindow	显示/隐藏浮窗

读者通过以上的学习,掌握了支付宝小程序的各类组件的使用场景及方法,了解了什么

项目八 支付宝小程序开发

是应用级事件,掌握了各类 API 的使用方法,为了巩固所学知识,通过以下步骤,使用小程序组件、API 实现"便民服务中心"小程序的设计。

第一步:安装依赖组件

打开调试器进入终端工具,安装组件依赖,代码 CORE0807 如下。

代码 CORE0807:安装组件依赖
npm i antd-mini -S

结果如图 8-8 所示。

图 8-8 安装组件依赖

第二步:常用服务制作

在 index 页面结构中编写代码,完成常用服务的列表展示部分,列表中的文字、图片均来自逻辑层,并且使用列表渲染添加数据,列表中的数据均来自 index 界面的逻辑层,常用服务设置每页显示 10 项服务,并布局为两行,文字与图表进行纵向排布,代码 CORE0808、CORE0809 如下,ACSS 代码需自行定义。

```
代码 CORE0808:index.axml
    <view>
      <!-- 滑动视图容器 -->
<swiper indicator-dots=true vertical="{{vertical}}" circular="{{circular}}" duration=
"{{duration}}">
        <!-- 每页为一个 swiper-item -->
        <swiper-item a:for="{{items}}">
          <!-- 设置每页中的内容 -->
          <view class="content-block border-radius swiper-item">
            <view class="item-content" a:for="{{item.items}}">
              <image mode="aspectFit" class="item-image" src="{{item.src}}" />
              <text>{{item.title}}</text>
```

```
            </view>
          </view>
        </swiper-item>
      </swiper>
    </view>
```

代码 CORE0809：index.js

```
items:[
  {
    items:[
      { title: " 生活缴费 ", src: "http://120.92.122.253:39001/files/livingexpenses.png" },
      { title: " 充值中心 ", src: "http://120.92.122.253:39001/files/vouchercenter.png" },
      // 其他项内容与上述结构相同
    ]
  },
  {
    items: [
      { title: " 教育服务 ", src: "http://120.92.122.253:39001/files/education.png" },
      { title: " 税务 ", src: "http://120.92.122.253:39001/files/taxation.png" },
      // 其他项内容与上述结构相同
    ],
  },
  {
    items: [
      { title: " 更多服务 ", src: "http://120.92.122.253:39001/files/other.png" },
    ],
  }
],
```

结果如图 8-9 所示。

图 8-9　常用服务部分

第三步:"为你推荐"和"热门"制作

在 app.json 中使用"usingComponents"引入组件支持类库,完成服务分类部分的"为你推荐"和"热门"条目与条目中的服务展示,每项显示为两列,共 6 项服务,图片框设置为圆角矩形,使用页面逻辑中的数据进行渲染。在 index 页面的逻辑代码中添加数据,设置默认选中的选项卡编号为"0",并设置 onChange 事件,用于点击切换选项卡,代码 CORE0810~CORE0812 如下,ACSS 代码需自行定义。

代码 CORE0810:app.json

```json
"usingComponents": {
  "tabs": "/node_modules/antd-mini/es/Tabs/index",
  "tab-content": "/node_modules/antd-mini/es/Tabs/TabItem/index",
  "list": "/node_modules/antd-mini/es/List/index",
  "list-item": "/node_modules/antd-mini/es/List/ListItem/index",
  "icon": "/node_modules/antd-mini/es/Icon/index",
  "vtabs": "/node_modules/antd-mini/es/VTabs/index",
  "vtab-content": "/node_modules/antd-mini/es/VTabs/VTabItem/index"
},
```

代码 CORE0811:index.axml

```xml
<view class="content-block border-radius">
<tabs uid="{{'tab2'+idx}}" type="basis" onChange="handleChangeTab1" index="{{tab1Index}}" animation swipeable>
    <block a:for="{{tabList1}}">
        <tab-content uid="{{'tab2'+idx}}" tab="{{item}}">
            <view class="tabs-content1" a:for="{{item.content}}">
                <view class="tabs-content1-image border-radius">
                    <image mode="scaleToFill" class="tabs-image item-image" src="{{item.image}}" /></view>
                <view class="tabs-text">
                    <text style="display:block">{{item.title}}</text>
                    <text style="font-size:22rpx">{{item.details}}</text>
                </view>
                <view>
                </view>
            </view>
            <view class="tabs-content1-bottom">
                <text>
                    @ 毕业生,公积金是第一笔隐形财富
                </text>
```

```
            </view>
        </tab-content>
      </block>
    </tabs>
  </view>
```

代码 CORE0812:index.js

```
data: {
tab1Index: 0, // 被选中的选项卡的编号
tabList1: [
    {
      title: " 为你推荐 ",
      content: [
         { image: "http://120.92.122.253:39001/files/nucleicacid.png", title: " 核酸检测结果 ", details: " 在线查结果 " },
         { image: "http://120.92.122.253:39001/files/medicalinsurance.png", title: " 社保查询 ", details: " 快速查询社保服务 " },
         // 其他项内容与上述结构相同
      ]
    },
    {
      title: " 热门 ",
      content: [
         { image: "http://120.92.122.253:39001/files/videosecurity.png", title: " 食品安全抽检 ...", details: " 与不安全食品说再见 " },
         { image: "http://120.92.122.253:39001/files/auction.png", title: " 法拍房 ", details: " 特价法拍房 " },
         // 其他项内容与上述结构相同
      ]
    }
],
},
handleChangeTab1(index) {
this.setData({ tab1Index: index });
},
```

结果如图 8-10 所示。

图 8-10 "为你推荐"与"热门"部分

第四步:"看病就医"和"就学"制作

完成分类服务中的"看病就医"和"就学"分布的页面结构,每页使用 3 块内容显示数据,并在底部添加查看详情按钮,代码添加到"tabs"标签的第一个 block 块后,页面中的数据使用 index 逻辑层中定义的数据,样式为每页横向显示 3 个信息框,查看详情显示在底部,代码 CORE0813、CORE0814 如下,ACSS 代码需自行定义。

```
代码 CORE0813:index.axml
<block a:for="{{tabList2}}">
  <tab-content uid="{{'tab2'+idx}}" tab="{{item}}">
    <view class="tabs-content2" a:for="{{item.content}}">
      <image class="tabs-content2-image border-radius" mode="scaleToFill" src="{{item.image}}"></image>
      <view class="tabs-content2-text">
        <text style="display:block;font-size:30rpx;color:white">{{item.title}}</text>
        <text style="display:block;color:white">{{item.details}}</text>
      </view>
      <view class="tabs-content2-images-button">
        <text style="line-height:50rpx;font-size:30rpx"> 去看看 </text>
      </view>
    </view>
    <view class="tabs-content2-bottom-text">
      <text style="line-height:80rpx">
        @ 毕业生,公积金是第一笔隐形财富
      </text>
    </view>
    <button class="tabs-content2-bottom-button" type="gost"> 查看详情 </button>
  </tab-content>
</block>
```

代码 CORE0814:index.js

```
tabList2: [
    {
      title: " 看病就医 ",
        content: [
            { image: "http://120.92.122.253:39001/files/physicalexamination.png", title: " 体检检查 ", details: " 公立体检预约 " },
            { image: "http://120.92.122.253:39001/files/oralcavity.png", title: " 口腔严选 ", details: " 口腔专科在线预约 " },
            { image: "http://120.92.122.253:39001/files/pharmacy.png", title: " 线上药房 ", details: " 正品保障品种 " }
        ]
    },
    {
      title: " 就学 ",
        content: [
            { image: "http://120.92.122.253:39001/files/listofuniversities.png", title: " 高效名单查询 ", details: " 活动手指轻松查 " },
            { image: "http://120.92.122.253:39001/files/school.png", title: " 掌上高考 ", details: " 高考信息全方位指南 " },
            { image: "http://120.92.122.253:39001/files/educationservices.png", title: " 教育服务 ", details: " 成绩查询看这里 " }
        ]
    },
],
```

结果如图 8-11 所示。

图 8-11 "看病就医"与"就学"页面样式

第五步：订阅消息制作

订阅消息中显示 3 条消息，每条消息后显示图、标题、简介以及订阅按钮，并在在逻辑代码中为其创建数据结构并添加数据，样式为每行显示一条订阅消息，设置图标、文字与按钮横向排列，代码 CORE0815、CORE0816 如下，ACSS 代码需自行定义。

代码 CORE0815：index.axml

```xml
<view class="content-block border-radius" style="padding:35rpx">
  <view class="subscribe-header">
    <text style="float:left"> 订阅消息 </text>
    <text style="float:right"> 管理 </text>
  </view>
  <block a:for="{{subscribe}}">
    <view class="subscribe-content">
      <view class="subscribe-img-box">
        <image mode="scaleToFill" src="{{item.img}}" />
      </view>
      <view style="float:left">
        <text class="subscribe-text">{{item.title}}</text>
        <text class="subscribe-text-describe subscribe-text">{{item.text}}</text>
      </view>
      <view class="border-radius subscribe-button">
        <text> 订阅 </text>
      </view>
    </view>
  </block>
</view>
<!-- 5 -->
<view style="height:50rpx">
  <view class="problem">
    <text> 问题反馈 </text>
    <text> 常见问题 </text>
  </view>
</view>
```

代码 CORE0816：index.js

```js
subscribe: [
  { title: " 社保服务消息提醒 ", text: " 及时获取账户变动消息,安全又快捷 ", img: "http://120.92.122.253:39001/files/medicalinsurance.png" },
```

```
        { title: " 医保服务消息提醒 ", text: " 获取医保账户变动信息, 安全又快捷 ", img:
"http://120.92.122.253:39001/files/remind.png" },
        { title: " 公积金服务消息提醒 ", text: " 账户变动消息及时收, 让你不会忘了这笔钱
", img: "http://120.92.122.253:39001/files/accumulationfund2.png" },
    ],
```

结果如图 8-12 所示。

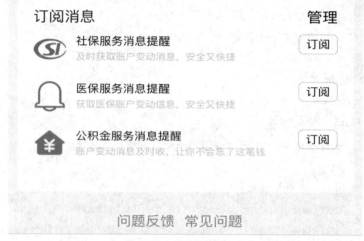

图 8-12　消息订阅样式

第六步：办事大厅页面制作

在办事大厅页面结构中，使用列表的形式展示办事大厅中包含的业务并且按照业务类型进行分类，办事大厅页面中的数据集来源为逻辑层，分为医保、人才就业、民政、疫情服务和公安交通五项，其中每项包含若干详细服务，样式为每项服务的背景颜色、高度以及边距，服务分为两列显示，图表与文字横向排布，代码 CORE0817、CORE0818 如下，ACSS 代码需自行定义。

代码 CORE0817：officehall.js

```
index: 0,
getVtabIndex: 0,
transaction: [
    {
        title: " 医保 ",
        content: [
            { text: " 医保电子凭证 ", img: "http://120.92.122.253:39001/files/electronicvoucher.png" },
            { text: " 报告解读 ", img: "http://120.92.122.253:39001/files/myreport.png" },
```

```
      // 其他项内容与上述结构相同
    ]
  },
  // 其他项内容与上述结构相同
]
```

代码 CORE0818: officehall.axml

```
<vtabs index="{{index}}" styleonChange="onChange">
  <block a:for="{{transaction}}">
    <vtab-content className="vtabItem{{getVtabIndex + 1 === 1 ? 'currentItem': ''}}" tab="{{{title: item.title}}}">
      <view class="vtabItem-text">
        <text style="color:#999999;float:left;width:100%;margin-bottom:20rpx">{{item.title}}</text>
        <block a:for="{{item.content}}">
          <view style="float:left;width:40%;margin-right:30rpx;margin-bottom:80rpx;font-size:25rpx;font-weight:bold">
            <image mode="scaleToFill" style="width:70rpx;height:70rpx;float:left;margin-right:10rpx" src="{{item.img}}" />
            <text a:if="{{item.text.length>4}}" >{{item.text}}</text>
            <text a:if="{{item.text.length<=4}}" style="line-height:70rpx">{{item.text}}</text>
          </view>
        </block>
      </view>
    </vtab-content>
  </block>
</vtabs>
```

结果如图 8-13 所示。

图 8-13 办事大厅页面

在本项目中，读者通过学习支付宝小程序开发的相关知识，对支付宝小程序的组件和应用级事件有所了解，对支付宝小程序 API 的使用有所了解并掌握，最终通过所学知识完成便民服务中心小程序的制作。

space	空间	decode	解码
number	数字	size	大小
active	忙碌的	hover	悬停

maxlength	最大长度	confirm	证实
province	省份	city	城市

1. 选择题

（1）在使用 progress 进度条组件时使用（　　）属性设置右侧显示的百分比。
A. percent　　　　B. stroke-width　　　C. active　　　　D. show-info

（2）button 按钮组件使用（　　）属性设置是否镂空。
A. disabled　　　　B. type　　　　C. plain　　　　D. scope

（3）在路由 API 中用于关闭所有页面，跳转到应用内的某个页面的是（　　）。
A. my.navigateTo　　　　　　　　　B. my.reLaunch
C. my. switchTab　　　　　　　　　D. my.redirectTo

（4）swiper 滑块视图容器使用（　　）属性设置是否自动切换。
A. duration　　　　B. autoplay　　　　C. current　　　　D. interval

（5）videoContext 对象方法中用于暂停视频的是（　　）。
A. seek　　　　B. stop　　　　C. mute　　　　D. pause

2. 简答题

（1）什么是应用级事件。

（2）videoContext 对象中包含哪些常用方法。